Emil Khalisi

Wie Cassini den Saturn sieht

Ringe, Monde und Atmosphäre

Emil Khalisi

Wie Cassini den Saturn sieht

Ringe, Monde und Atmosphäre

ibidem-Verlag
Stuttgart

Bibliografische Information der Deutschen Nationalbibliothek
Die Deutsche Nationalbibliothek verzeichnet diese Publikation in der Deutschen Nationalbibliografie; detaillierte bibliografische Daten sind im Internet über http://dnb.d-nb.de/ abrufbar.

Bibliographic information by the Deutsche Nationalbibliothek
The Deutsche Nationalbibliothek lists this publication in the Deutsche Nationalbibliografie; detailed bibliographic data are available in the Internet at http://dnb.d-nb.de/ .

Gedruckt auf alterungsbeständigem säurefreien Papier
Printed on acid-free paper

ISBN-13: 978-3-8382-0649-3

2., erweiterte und überarbeitete Auflage (Feb. 2018)

Printed in the EU

Inhalt

Künstlerische Darstellung der *Cassini*-Sonde am Saturn.

Einleitung

Der Saturn ist der zweitgrößte Planet unseres Sonnensystems und zeichnet sich durch eine Besonderheit aus: Sein frei schwebender Ring macht ihn unverwechselbar. Des weiteren weist er unter den Planeten die geringste Dichte auf und nennt ein einzigartiges Mondsystem sein eigen. An den Sternwarten ist Saturn oftmals der Star einer Beobachtungsnacht, denn auch im Teleskop bietet er mit seinem markanten Reif um den Äquator einen atemberaubenden Anblick.

Die Raumsonde *Cassini-Huygens* war speziell der Erforschung dieses Planeten gewidmet. Sie ist die schwerste, komplexeste und eine der erfolgreichsten Sonden der NASA gewesen. Die Mission wurde im September 2017 beendet, doch die Datenausbeute ist so groß, dass die Wissenschaft für weitere Jahrzehnte mit der Auswertung beschäftigt sein wird. Viele künftige Forschergenerationen können sich daran ausprobieren. Die Bilder sowie die meisten Daten sind für die Öffentlichkeit frei verfügbar.

Die vorliegende Fotobroschüre ruft die bewegendsten Aufnahmen in Erinnerung, die während *Cassinis* Rundflügen gewonnen wurden. Viele Bilder sind farbcodiert, d.h. sie entsprechen nicht dem tatsächlichen Sinneseindruck. Eine kurze Texterläuterung soll der Motivation dienen, eigenständig nach weiteren Details im Internet oder in der Fachliteratur zu recherchieren. Der Autor hofft, allen Interessierten eine kleine Anregung mit diesem Bildband zu geben, um weitere Geheimnisse des Saturn zu ergründen. Viel Spaß damit!

Heidelberg, im Januar 2018

1 Die Missionen zum Saturn

Pioneer 11

Unsere heutigen Kenntnisse von den fernen Planetenwelten begannen, mit den nahen Vorbeiflügen von Raumfahrzeugen zum Ende der 1970er Jahre rasant zu steigen. Am 1. September 1979 bekam der Saturn erstmals Besuch von einer irdischen Raumsonde: *Pioneer 11*.

Es handelte sich um einen einfachen Kundschafter, der den Weg ins äußere Sonnensystem testen sollte. Ausgerüstet mit einer anspruchslosen Kamera, deren Apertur gerade mal 2,5 cm betrug, gab *Pioneer* einen ersten Eindruck vom Planeten. Die Sonde bestimmte unter anderem die Temperatur der oberen Wolken, das Magnetfeld und entdeckte den F-Ring.

Die Minimaldistanz betrug 20.000 km über der Wolkenobergrenze. Das Raumvehikel näherte sich dem Planeten von einer „unteren" Seite, d.h. südlichen Breiten, und erhielt nach der Passage eine starke gravitative Ablenkung, um das Sonnensystem verlassen zu können.

Voyager 1 und 2

In den darauffolgenden beiden Jahren erreichten *Voyager 1* (12. November 1980) und *Voyager 2* (25. August 1981) den Planeten. Sie absolvierten das eigentliche wissenschaftliche Erkundungsprogramm. Mit einer viel empfindlicheren Elektronik an Bord lieferten sie deutlich schärfere Bilder und führten exaktere Messungen durch. So wurden die Ringe erstmals in Tausende Einzelringe aufgelöst.

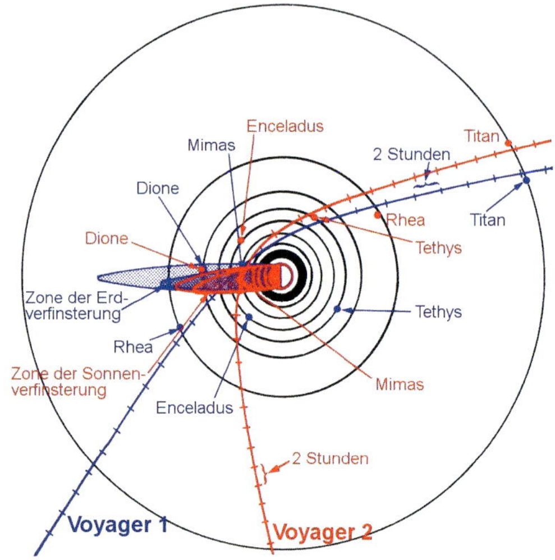

5

Erstmals gab es auch Fotos von den Monden, die bis dahin nur Punkte in den Teleskopen waren. Weil solche Vorbeiflüge innerhalb von wenigen Stunden vonstatten gehen, hat man die Routen durch das Saturnsystem so geplant, dass beide Sonden möglichst viele Monde aus der Nähe fotographieren konnten.

Besonderes Augenmerk lag auf Titan, von dem man zwar wusste, dass er eine Atmosphäre besaß, aber darüber hinaus wenig konkrete Daten. Auf den Bildern stellte er sich jedoch als eine Enttäuschung heraus: eine rundum wolkenverhangene Kugel, die keine Sicht auf die Oberfläche zuließ. Für zwei Jahrzehnte blieb die *Voyager*-Mission der Maßstab für unser Wissen über den Saturn.

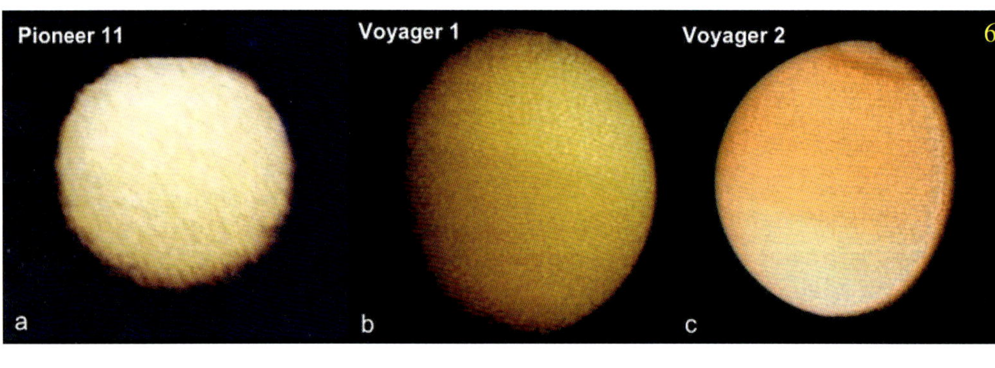

6

Cassini-Huygens

Die bislang wichtigste Mission war *Cassini-Huygens*. Die amerikanisch-europäische Raumsonde verließ am 15. Oktober 1997 um 8:43 Uhr UTC ihren Startplatz in Cape Canaveral und trat ihre Reise zum Ringplaneten an. Mit einem Gewicht von 5,7 t war sie die schwerste amerikanische Planetensonde, die von der NASA jemals ins All gehievt worden ist. Die Hälfte der Gewichtsladung bestand aus Treibstoff zur Navigation im Saturnsystem. Eine solch große Masse lässt sich nicht auf eine direkte Bahn schicken, nicht einmal mit der stärksten verfügbaren Rakete. Daher gewann sie zunächst auf einer Spiralbahn Schwung: Nach zwei Vorbeiflügen an der Venus, einem an der Erde und einem am Jupiter flog sie ihrer Bestimmung entgegen.

Wissenschaftlich aktiv wurde *Cassini-Huygens* erst beim Jupiter-Flyby am 30. Dezember 2000. Die Erkundung des Saturn begann im Februar 2002, als die Instrumente für den interplanetaren Raum (Staubdetektor, Magnetometer) dauerhaft in Betrieb gingen. Im Februar 2004 wurden die übrigen Instrumente eingeschaltet, und es begann die routinemäßige Beobachtung mit Kameras und Spektrometern. Am 12. Juni 2004 passierte die Sonde den weit außen befindlichen Mond Phoebe.

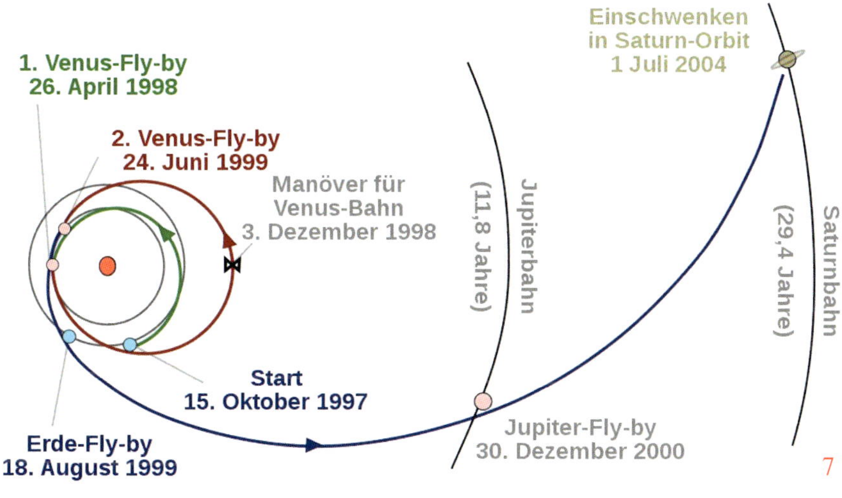

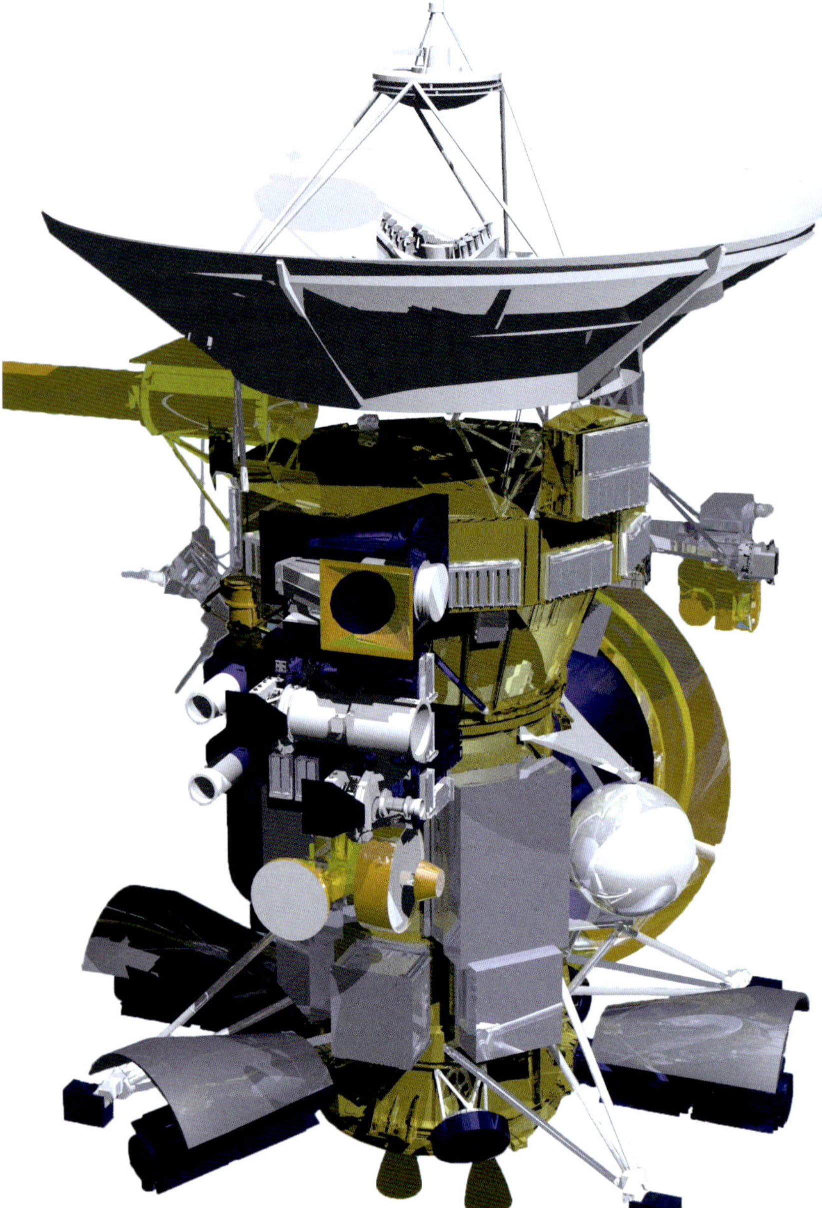

8

Die Doppelmission war eine Kooperation der Raumfahrtbehörden NASA und ESA. Die Orbitereinheit hieß *Cassini* (8), und auf ihr befanden sich zwölf wissenschaftliche Instrumente (vier optische sowie acht Wellen- und Teilcheninstrumente). Das in Europa hergestellte Landemodul *Huygens* (9, 10) beherbergte sechs Instrumente.

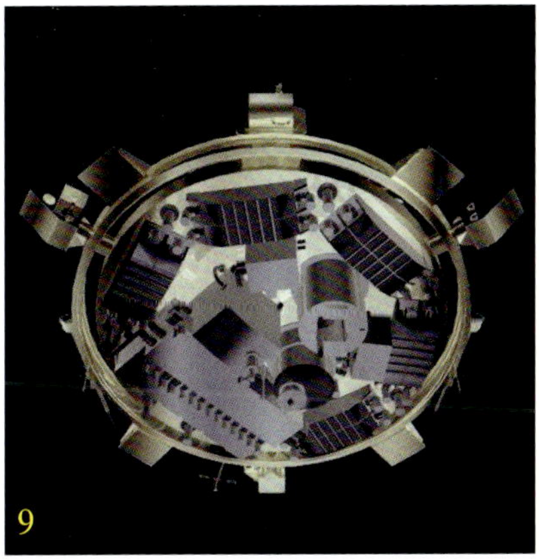

Am 1. Juli 2004 erreichte die Sonde ihr Reiseziel: Sie schwenkte in die erste Umlaufbahn um den Saturn ein. Dazu war es notwendig, sehr dicht am Planeten vorbeizufliegen. 90 Minuten vor dem Perikronium, dem saturnnächsten Punkt der Bahn, wurden die Triebwerke gezündet, um die Sonde abzubremsen. Sie verlor an Geschwindigkeit und wurde dadurch von der Schwerkraft des Planeten eingefangen. Als *Cassini* die Wolkenobergrenze in einer Höhe von 18.000 km passierte, war sie bereits zu einem künstlichen Satelliten geworden.

Der erste Orbit führte *Cassini-Huygens* noch weit hinaus, 9 Millionen km, und er war der längste der gesamten Mission. *Huygens* wurde während des dritten Orbits von der Muttersonde abgetrennt und landete am 14. Januar 2005 auf Titan. Während seines Abstiegs sammelte der Lander 2,5 Stunden lang Daten über die Atmosphäre, die in mancherlei Hinsicht Analogien zur irdischen aufweist.

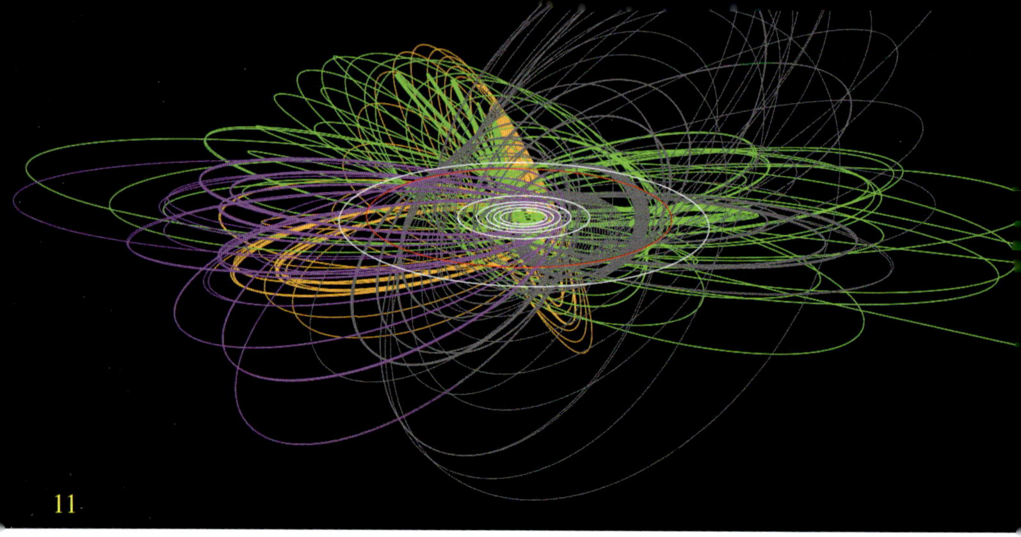

Die Mission des Orbiters bestand aus insgesamt 293 Umkreisungen des Saturn und endete am 15. September 2017. *Cassini* wurde gezielt in die Planetenatmosphäre gelenkt. Im Laufe von 13 Missionsjahren hat man die Bahn mehrfach geneigt. So war es möglich, aus nahezu allen Perspektiven einen Blick auf den „Herrn der Ringe" wie auch seine Trabanten einzufangen. In der oberen Graphik stellen die Farben unterschiedliche Missionsphasen dar, die verschiedenen wissenschaftlichen Zielen dienten.

Cassinis Flugplan sah sogenannte „gezielte" Vorbeiflüge an den klassischen Monden vor. Hierbei wurde die Bahn durch Zünden der Triebwerke aktiv geändert. Bei den ungezielten Flybys kam die Sonde aufgrund ihrer Bahn ohnedies in die Nähe des Objekts. Am häufigsten wurde Titan gezielt angeflogen (Tabelle), jeweils in unterschiedlichen Distanzen. Für Abstände geringer als 1000 km ist die Abbremsung durch die atmosphärische Reibung spürbar geworden, und eine Bahnkorrektur wurde gegebenenfalls erforderlich. Unter den nicht-klassischen Monden näherte sich *Cassini* Helene und Methone am nächsten: 1856 km bzw. 1870 km.

Mond	Anzahl	min. Distanz	Orbitnr.	Datum
Mimas	–	9547 km	126	13.02.2010
Enceladus	23	25 km	88	09.10.2008
Tethys	3	1495 km	15	24.09.2005
Dione	6	101 km	158	12.12.2011
Rhea	5	70 km	143	11.01.2011
Titan	127	878 km	133	21.06.2010
Hyperion	1	479 km	15	26.09.2005
Iapetus	1	1622 km	49	10.09.2007
Phoebe	1	2068 km	0	11.06.2004

Ringe und innerste Monde: Die Benennung der Ringsegmente mit Großbuchstaben beruht auf historischer Entdeckungsreihenfolge. Die markanteste Lücke ist die Cassini-Teilung, die der italienische Astronom und Gründungsdirektor der Pariser Sternwarte Giovanni Domenico Cassini 1675 als erster beschrieb.

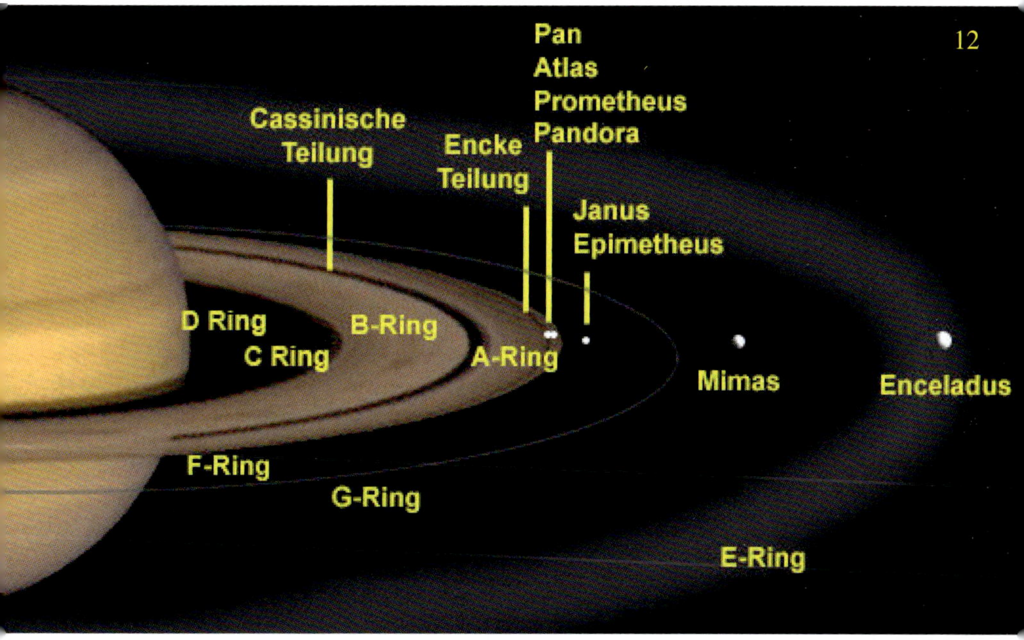

2 Der Planet und seine Atmosphäre

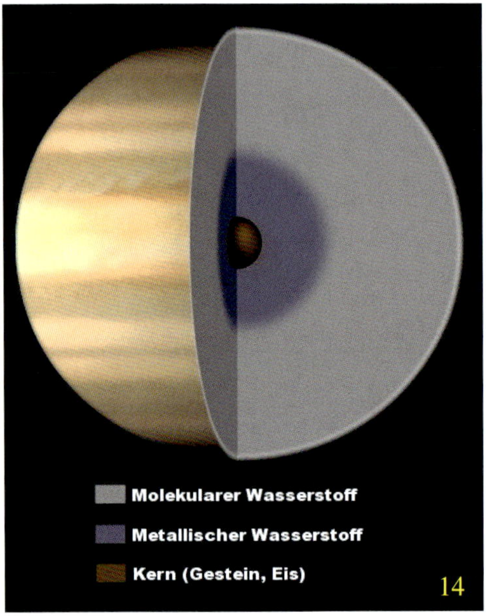

Saturn ist ein Gasplanet, der zu ca. 95% aus Wasserstoff besteht. Die oberen Atmosphärenschichten haben keine scharfe Abgrenzung zum Weltraum. Die Planetengrenze definiert man als die Schicht, an der der Gasdruck 1 bar erreicht: 60.268 km vom Zentrum. In größeren Tiefen steigt der Druck so stark an, dass der Wasserstoff metallische Eigenschaften annimmt. Im Zentrum befindet sich ein Gesteinskern, der etwa 15 Erdmassen in sich vereint.

Saturn besitzt ein magnetisches Dipolfeld, das durch Konvektionsströmungen innerhalb des metallischen Wasserstoffs entsteht. Noch bevor *Cassini* den Saturn erreichte, konnte man mit Hilfe von Plasmagas-Instrumenten die ungefähre Ausdehnung der Magnetosphäre erstellen. An der sonnenzugewandten Seite erstreckt sie sich etwa bis zum Titanorbit (≈20 Saturnradien).

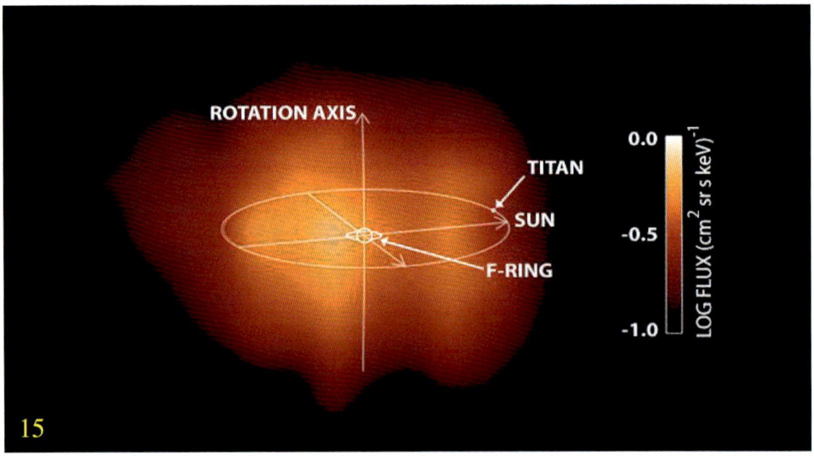

16

Als sich im Juli 2008 der Saturnring nahe seiner Kantenstellung befand, wurde das obere Bild mit Hilfe von 30 Filtern erstellt. Während der Sommer vom Süden zum Norden wechselte, änderten sich auch die Farben der jeweiligen Hemisphäre. So wirken die Wolken auf der Nordhalbkugel stärker azurfarben.

Beim Anflug zum Saturn am 16.05.2004 präsentierten sich die Ringe in maximaler Öffnung, was man am kurzen Planetenschatten erkennen kann. *Cassinis* Blickwinkel betrug 13° aus südlichen Breiten.

17

Am 07.03.2003 fotographierte das *Hubble Space Telescope* den Saturn mit 30 Filtern im ultravioletten Licht. Die unterschiedlichen Wellenlängen offenbaren unterschiedliche Partikelgrößen (Aerosole) in der Atmosphäre des Planeten. Mittels solcher Spektren kann man atmosphärische Bewegungen nachvollziehen und einen Aufschluss über die Bildung bzw. Entwicklung von Wolken erhalten. In diesem Bild ist der Südpol des Saturn voll beleuchtet, während sich die Ringe nahe ihrer maximalen Öffnung befinden.

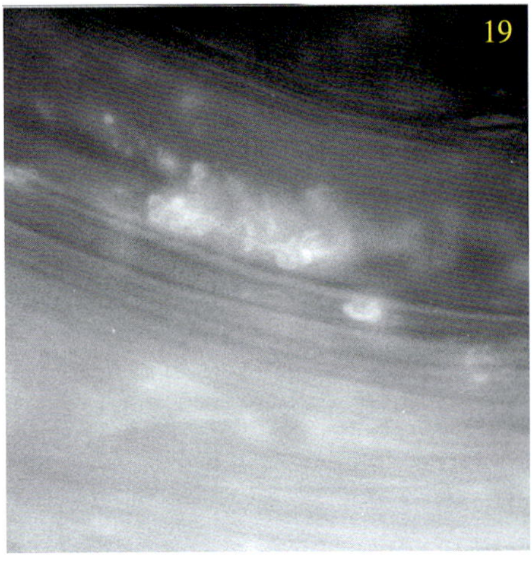

Unverarbeitetes Bild der Atmosphäre, als *Cassini* am 26. April 2017 auf seinen finalen Orbits durch die Lücke zwischen dem D-Ring und dem Planetenkörper flog. Diese Lücke ist etwa 2000 km breit (zum Vergleich Erddurchmesser: 12.750 km). Sie enthält Partikel in der Größe von Zigarettenrauch.

Ebenfalls auf den finalen Orbits wurde das Bild von fluiden Strömen geschossen (18. Mai 2017). Sie entstehen, wenn benachbarte Wolkenbänder sich mit verschiedenen Geschwindigkeiten aneinander vorbeibewegen. Dies findet auf verschiedenen Breitengraden statt. Die Falschfarbenaufnahme entstand bei 46° Nord in einer Entfernung von 1,2 Mio km. Entlang des Planetenrands erzeugt die hohe Atmosphäre ein hauchdünnes dunkelblaues Band.

→ 21: Eine Lichtshow bietet der Planet im Spektrum des nahen Infrarot. Das Bildkomposit entstand aus 65 Einzelaufnahmen am 1. November 2008. Die blaue Farbe steht stellvertretend für Wellenlängen von 2 μm, grün für 3 und rot für 5 μm. Man erkennt, dass die Ringe die Sonnenstrahlung vorwiegend im kurzwelligen Bereich reflektieren, aber nicht bei 3 und 5 μm. Die hohen Wolken auf dem Saturnkörper strahlen nicht im langwelligen Bereich, so dass er grünlich wirkt. Die Wärmestrahlung des Planeten aus den tieferen Schichten hinterlässt den rötlichen Farbeindruck.

In der Saturnatmosphäre sind Wirbel, Gasströme und Stauungen ebenso vorhanden wie auf Jupiter, doch im sichtbaren Licht weniger stark ausgeprägt. Das Bild entstand durch Überlagerung von drei Infrarot-Aufnahmen bei Wellenlängen um 728, 752 und 890 nm. Sie wurden koloriert und kontrastverstärkt, um die feinen Strukturen hervorzuheben. *Cassini* war 432.000 km bzw. 7 Saturnradien von der Wolkenschicht entfernt.

3 Stürme

Im September 2004 tauchte in der südlichen Hälfte ein gewaltiger Sturm auf. Er war von heftigen Ausbrüchen im Radiobereich begleitet. Als er sich zur Tagseite drehte, ging das Radiosignal zurück. Wegen seiner Form erhielt er den Namen „Drachensturm“.

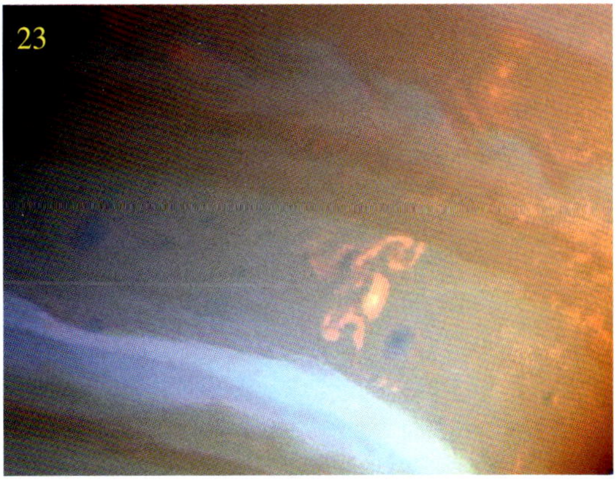

Als „Allee der Stürme“ ist diese Aufreihung von atmosphärischen Wirbeln genannt worden. Sie erschien am 19. Mai 2008 auf der Südhalbkugel. Die Winde wehen mit mehreren Hundert Kilometern pro Stunde und beherbergen Blitze, die zehntausendmal stärker sind als die irdischen. Die Stürme treiben einen Jet-Stream an, der um den ganzen Planeten reicht und den entsprechenden Wirbelkanal aufbaut.

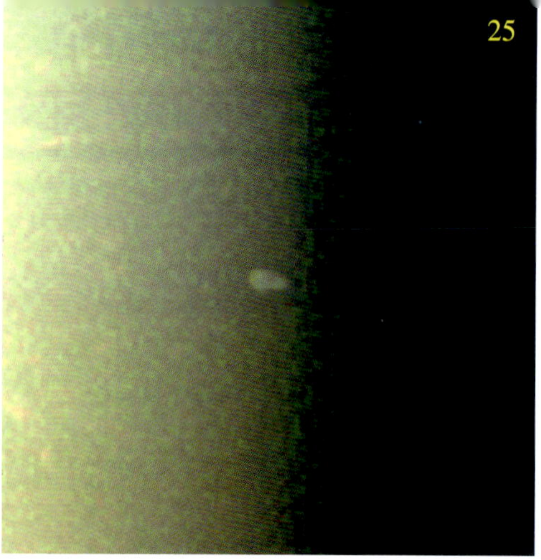

Am 5. Dezember 2010 erschien eine unscheinbare weiße Wolke in der nördlichen Hemisphäre nahe der Tag-Nacht-Grenze. *Cassinis* Radio- und Plasma-Instrumente registrierten Blitze, die von dieser Wolke stammten. Der entstehende Sturm maß an diesem Tag 1.800 km in West-Ost- sowie 1.300 km in Nord-Süd-Richtung. Das Bild ist eine fünffache Vergrößerung mit Kontrastverstärkung des linken oberen Teilbildes (26).

Im Laufe der nächsten Monate entwickelte sich die kleine Wolke zum gewaltigsten Sturm der vergangenen zwei Jahrzehnte. Er wuchs insbesondere in die südlichen Breiten und wurde von den atmosphärischen Breitenwinden, die sich relativ zum Sturmkern nach Osten (nach rechts) bewegten, zerrissen. Am 22.04.2011 war der Kopf noch gut zu erkennen sowie ein um den gesamten Planeten reichender Schweif.

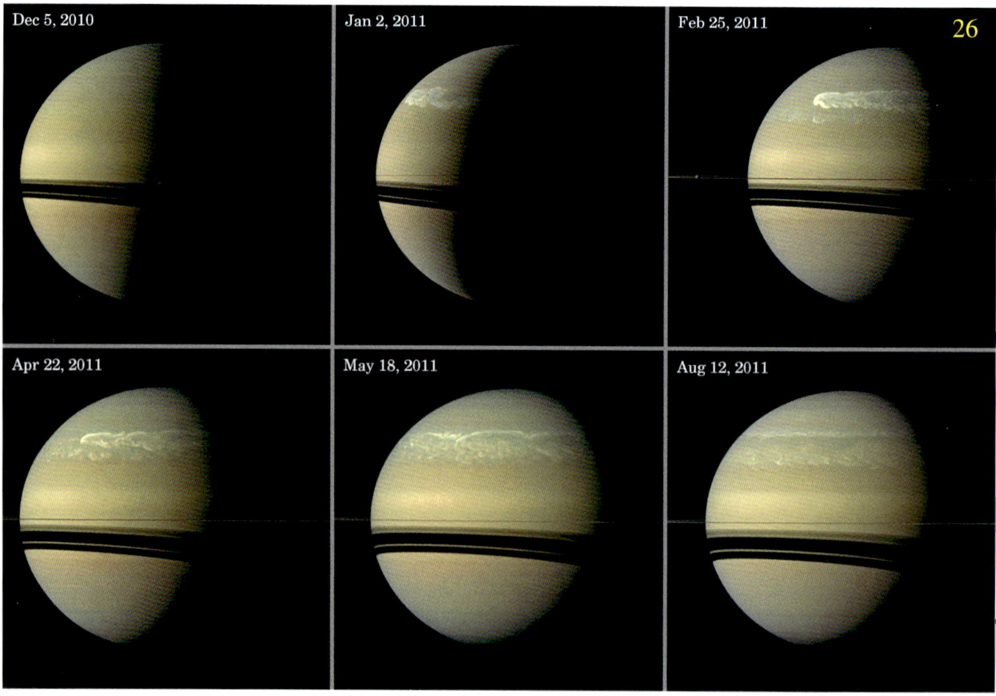

Die Falschfarbenaufnahme des Montersturms vom 12.01.2011 (vorherige Seite) ist zusammengesetzt aus 12 Aufnahmen des Infrarot. In diesem Farbcode sind die Ringe als hellblaue horizontale Linie zu sehen. Die übrigen Farbtöne spiegeln die unterschiedliche Konzentration des chemischen Stoffs Methan in der Atmosphäre wider. Rot und orange sind sensitiv in den tieferen Atmosphärenschichten; gelb und grün erkennt man in Wolken, die nahe des Nordpols in mittlerer Höhe fliegen; weiß und blau stehen für hohe Wolken sowie Dunst. Der kleine schwarze Punkt in der Südhälfte ist der Schatten des Mondes Enceladus.

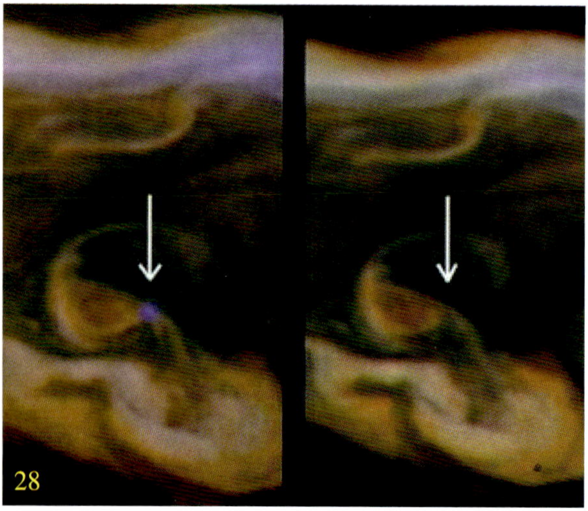

Inmitten desselben Monstersturms wie auf den vorherigen Seiten fing *Cassini* am 6. März 2011 einen gigantischen Blitz ein. Im Falschfarbenbild erkennt man die elektrische Entladung als blauen Punkt. Das rechte Bild entstand 30 Minuten später.

Einen starken Jetstream fotographierte *Cassini* auf einer kronographischen Breite von 42° N (Pfeil). Die Strömung entsteht durch lokale Temperaturunterschiede, die zunächst einen Wirbel erzeugen. Schnelle atmosphärische Winde ziehen ihn auseinander, so dass er wie ein Jet aussieht. Das Bild entstand mit 3 Filtern im Infrarot am 13.01.2008.

30 Wie eine Gardine schwingt die Aurora auf der Nachtseite. Die orangene Einfärbung dient der besseren Sichtbarkeit.

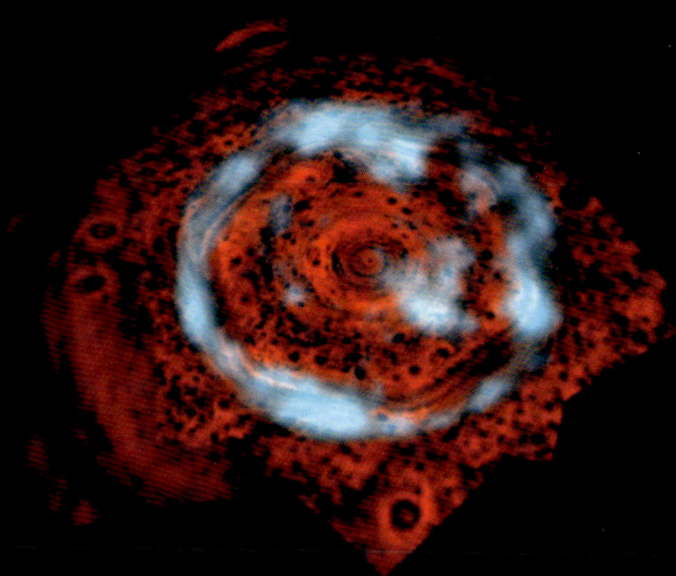

31 Im Infrarotbild sieht man Polarlichter, die wie blaue Nebelschwaden das mysteriöse Hexagon des Saturn umgeben.

32 Bereits im Jahre 1980 hatte *Voyager* einen hexagonalen Zyklon um den Nordpol des Saturn entdeckt. Die Struktur, die auf keinem anderen Planeten existiert, durchmisst rund 25.000 km — sie böte Raum für vier Erdkugeln. Das Hexagon befindet sich bei einer Breite von 77° und dreht sich mit den atmosphärischen Schichten.

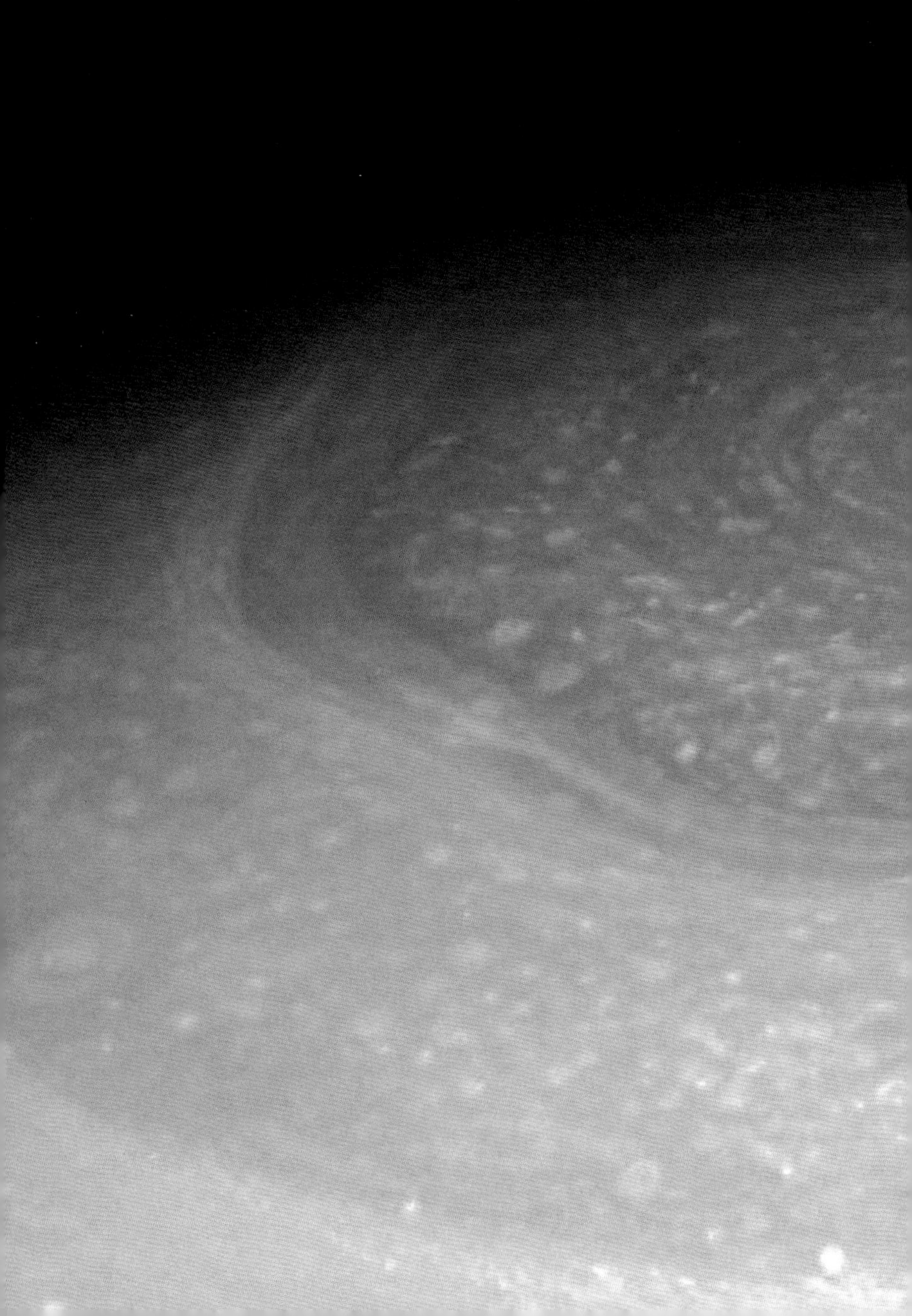

Die Entstehung des Hexagons ist noch nicht ganz geklärt. Eine anschauliche Theorie sieht einen axialen Fluss vor, der aus dem Planeteninneren entlang der Rotationsachse vertikal nach oben stömt. An der Oberfläche (Nordpol) breitet sie sich in alle Richtungen aus. Während die Dichtewelle zu südlicheren Breiten driftet, trifft sie auf einen Jetwind, der das gesamte Nordgebiet ringförmig umkreist. Der Jet wirkt wie eine Palisade und reflektiert die vom Pol herrührende Strömung. Die Überlagerung der Dichtewellen führt an bestimmten Stellen zu stehenden Wellen.

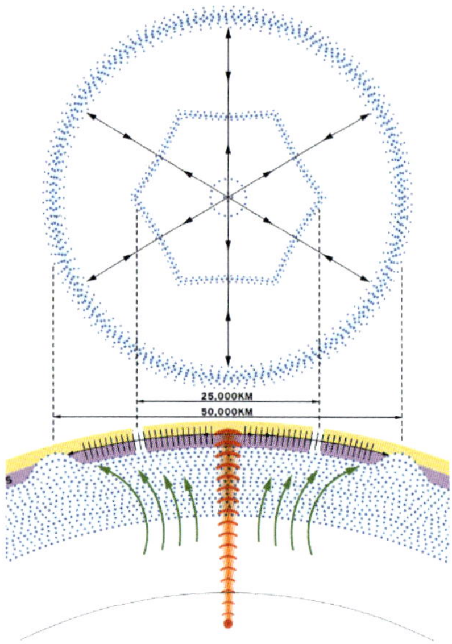

33

In einem Laborexperiment war es möglich, die Erscheinung zu reproduzieren: Ein rotierender Zylinder mit einer Flüssigkeit stellte Saturns Atmosphäre dar. Inmitten dieses Zylinders drehte sich ein innerer Ring mit einer anderen Geschwindigkeit; er repräsentierte den Jetstream, der um den Pol kreiste. Zur besseren Sichtbarkeit wurde seine Flüssigkeit eingefärbt. Je nach Relativgeschwindigkeit der beiden Strömungen entwickelten sich chaotische oder stabile Verhältnisse. An der Grenze zwischen den Strömungen bildeten sich oft Wirbel. Es konnten sich zwischen zwei und acht Wirbel um die Rotationsachse scharen, meist waren es sechs. Wenn man aus einer Fülle von Parametern die Geschwindigkeiten geeignet wählte, ließen sich fast beliebige Muster erzeugen.

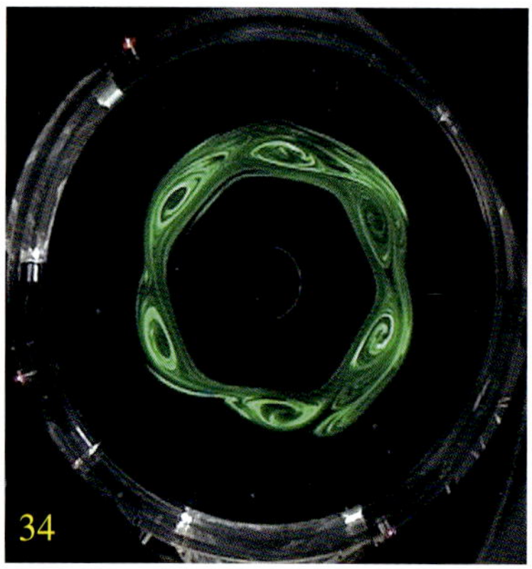
34

Im Zentrum des Hexagons befindet sich ein Wirbel von ca. 3000 km Durchmesser. Die Aufnahme entstand am 27.11.2012 aus einer Entfernung von 383.000 km (vergleichbar mit dem Abstand Erde–Mond).

Den Nordpol umgibt ferner ein elektrischer Ringstrom, der im UV-Licht sichtbar wird. Ein heller Fleck (Markierung) geht auf den Mond Enceladus zurück. Die beiden Bilder wurden im Abstand von 80 Minuten aufgenommen (26.08.2008), und man erkennt, wie sich der Verbindungspunkt des Mondes verschiebt.

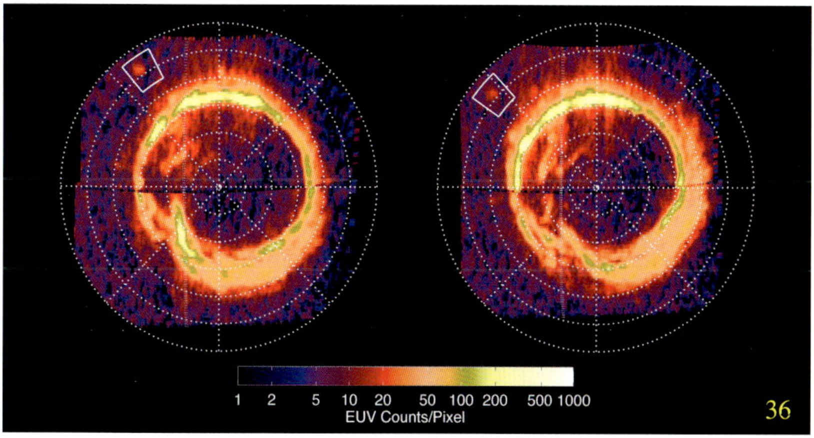

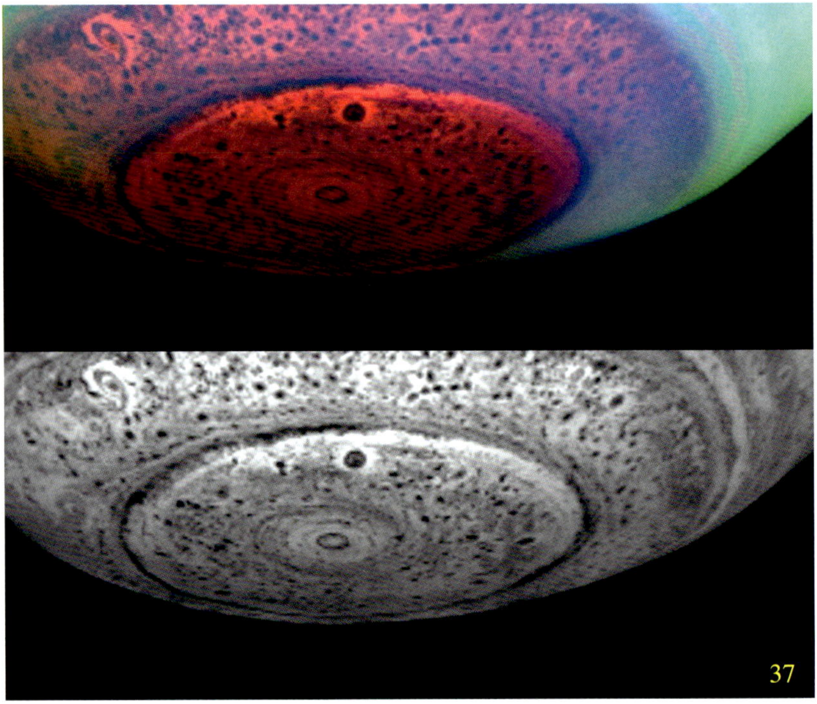
37

Am Südpol des Saturn befand sich in den Jahren 2006 und 2007 kein Hexagon, aber ein hurrikanartiger Sturm. Das untere Teilbild von (37) wurde im nahen Infrarot bei 5040 nm aufgenommen. Zusammen mit zwei weiteren Aufnahmen bei 3080 nm und 4080 nm wurden die drei Aufnahmen in rot, grün und blau koloriert, überlagert und zum oberen Teilbild zusammengefügt.

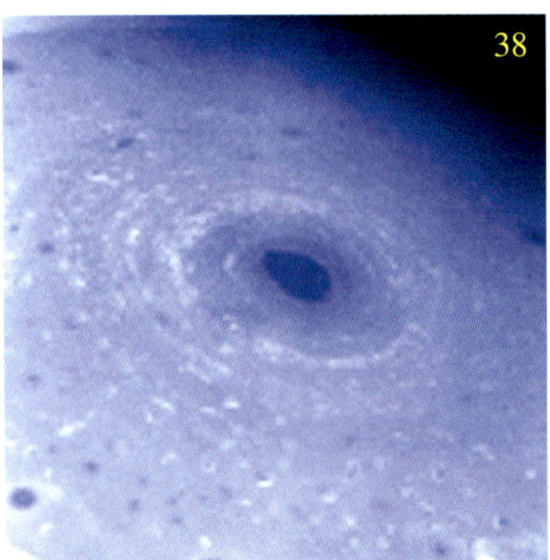
38

Bei einer Wellenlänge von 2800 nm erkennt man, dass der Südpolhurrikan ein inneres und äußeres „Auge“ hat. Das innere Auge durchmisst rund 1500 km, d.h. es ist halb so groß wie am Nordpol. Ferner umgeben hunderte weiterer Sturmzellen den Südpol. Die Phänomene hängen vermutlich mit dem vorherrschenden Sommer auf dieser Halbkugel zusammen.

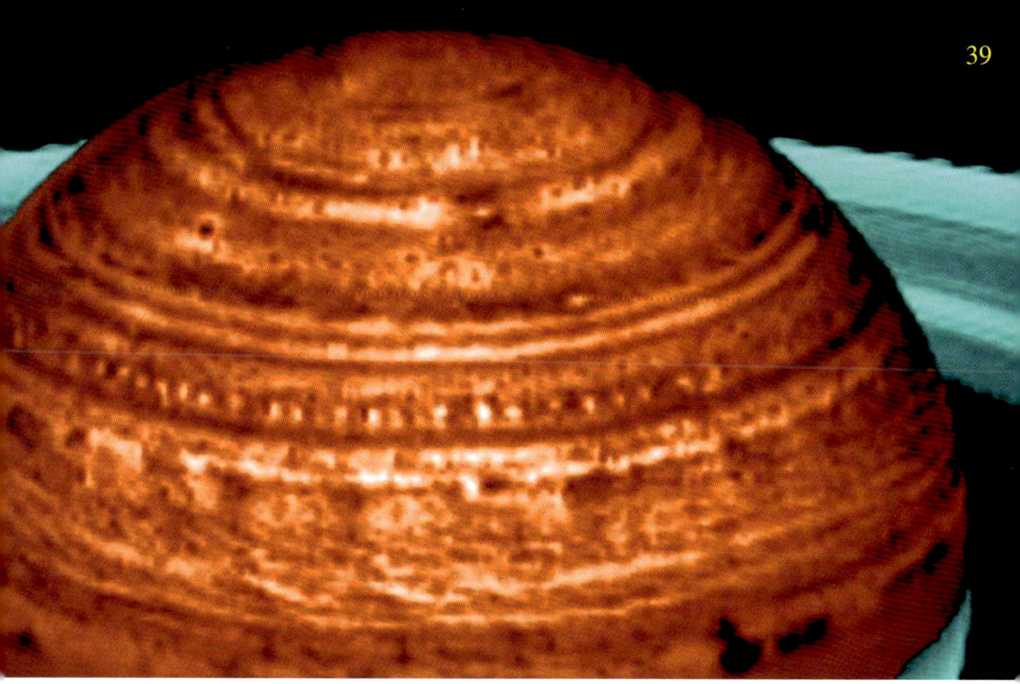

Das obere Bild wurde aus visuellen und infraroten Wellenlängen zusammengesetzt. Es zeigt eine Serie von weißen Wolken, die wie Perlen an einer Kette aufgereiht sind. Mehr als zwei Dutzend befinden sich bei einer kronographischen Breite von 40°. Ihr Abstand beträgt etwa 3,5°. Die Formation ist möglicherweise der Auflösungsvorgang einer tieferen Windzone. Die Regelmäßigkeit deutet auf eine stabile Welle hin, die sich um den gesamten Planeten zieht. Das Bild wurde am 27. April 2006 aufgenommen.

Diesem Sturm in der Südhälfte des Saturn gingen bereits im November 2007 starke elektrische Signale voraus. Das Bild stammt vom März 2008, als er zu einer Größe von etwa der Erdkugel angewachsen war.

4 Das Ringsystem

Die Ringe sind das beeindruckendste Merkmal des Saturn. Ihre Ausdehnung von einer Seitenkante zur anderen würde in der Strecke Erde–Mond bequem Platz finden. Man unterscheidet die massiven Ringe (Buchstaben C, B und A) sowie die Staubringe (D, G und E — hier nicht sichtbar). Der F-Ring befindet sich außerhalb des A-Ringes und ist ein dynamischer Strang mit einer variablen Breite. Seine Struktur ändert sich innerhalb von Stunden.

Die Radiosignale der Raumsonde *Cassini* wurden dazu verwendet, die Teilchengröße in den Ringen zu bestimmen. Während die Sonde hinter den Saturnringen vorbeizog, funkte sie Signale in 3 verschiedenen Wellenlängen zur Erde (bei 1 cm, 3,5 cm und 13 cm). Aus deren Abschwächung konnte man ein Profil erstellen, das die Verteilung der dominierenden Partikelgrößen wiedergibt. Die Pinkfarben deuten auf Bereiche hin, in denen ein Mangel an Kleinstteilchen herrscht, d.h. die Minimalgröße beträgt 5 Zentimeter; grün und blau stehen für eine Untergrenze von etwa 1 Zentimeter; und weiß sind Bereiche, die zu dicht für eine zuverlässige Größenbestimmung sind.

42

Im A-Ring ist der graduelle Anstieg der kleineren Teilchen deutlich erkennbar: Von der Cassini-Teilung (dunkles Gebiet am linken Bildrand) bis zur Encke-Teilung (schwarzer Streifen) nimmt der Anteil des Staubes zu. Einzelne Verdichtungen, sogenannte Ringlets, wie auch Lücken sind auf Bahnresonanzen mit Monden zurückzuführen.

Das untere Bild zeigt den Übergangsbereich vom C-Ring zum B-Ring im UV-Licht.

43

Die Saturnringe von ihrer unbeleuchteten Seite: Die *Cassini*-Sonde fotographierte sie aus einem Winkel von 40° oberhalb der Ringebene und aus einer Entfernung von 1,1 Millionen km. Am oberen Rand befinden sich zwei kleinere Monde: Janus mit einem Durchmesser von ca. 180 km (oben) und Pandora (84 km).

→ 45: Der 8 Kilometer große Mond Daphnis läuft inmitten der Keeler Lücke im A-Ring und verursacht gravitationsbedingte Wogen. Die langen Schatten entstehen nur zur Kantenstellung.

Wenn die Sonne zum Saturnäquinoktium flach auf den dünnen Ring scheint, werfen winzige vertikale Auslenkungen die ungleichmäßige Schattenlinie. Aus deren Länge lässt sich ermitteln, dass die Höhenunterschiede im Ring weniger als 100 Meter betragen müssen. Der auffällige Schatten in der rechten Bildhälfte stammt vom Mond Mimas.

Der 30 Kilometer große Mond Pan bahnt sich seinen Weg durch die 325 km breite Encke-Lücke und erzeugt Resonanzen im Ring. Er umläuft den Saturn in 13 h 48 min.

48

Das Falschfarbenbild bildet die variierende Temperatur in den verschiedenen Bereichen des Saturnrings ab. Blau entspricht einer Temperatur von 70 Kelvin (–203°C), grün 90 K und rot 110 K. Die weniger dichten Bereiche, wie z.B. die Cassini-Teilung und der C-Ring, besitzen eine höhere Temperatur. Das bedeutet, dass sich dort die Teilchen relativ zueinander schneller bewegen (größere Geschwindigkeitsdispersion). Sie haben mehr Platz, bevor sie auf andere Ringteilchen treffen. Dagegen ist in den stark bevölkerten Regionen (B-Ring, blau) die mittlere freie Weglänge etwa von der Größenordnung der Teilchendurchmesser, d.h. nur wenige Zentimeter. Kollisionen finden hier recht häufig statt. Die Gesamtmasse des Rings schätzt man auf weniger als die Masse des Mondes Mimas.

49

Die Farben auf der Saturnkugel wechselten mit dem Frühlingsbeginn auf der Nordhemisphäre. Am 6. Mai 2012 zog der größte Saturnmond Titan vor *Cassinis* Sichtfeld vorüber. Er läuft auf einer kreisförmigen Bahn fast exakt in der Äquator- bzw. Ringebene des Saturn und weist seinem Mutterplaneten immer dieselbe Seite zu. Das Bild ist eine Kombination von sechs Aufnahmefiltern und gibt die für das menschliche Auge erscheinenden Farben in etwa korrekt wieder. Die Raumsonde war 778.000 km von Titan entfernt.

Im Februar 2005 flog *Cassini* längere Zeit in der Äquatorebene des Saturn. In dieser Falschfarbenaufnahme erscheint der Ring als horizontale blaue Linie. Seine Dicke beträgt zwischen 10 und 100 Meter. Die Sonne bescheint das Ringsystem von rechts unten, so dass die einzelnen Bereiche gebogene Schatten auf die nördlichen Wolkenbänder werfen. Die Schatten gehören zu (von oben): A-Ring mit der Encke-Lücke, Cassini-Teilung, der dichte B-Ring als schwarzer Streifen sowie die hauchdünnen Linien des C-Rings. In der Ringebene steht im Vordergrund der Mond Dione und rechts Enceladus. Bemerkenswert ist auch die deutlich sichtbare Abflachung des Planeten: Aufgrund der hohen Eigenrotation (10 h 47 min) ist der Durchmesser am Äquator um 10% größer als entlang der Pole.

Die Farben auf diesem Bild geben den Anblick wieder, wie sie in etwa vom menschlichen Auge wahrgenommen würden. Zu sehen ist die unbeleuchtete Seite der Ringe kurz nach dem Frühlingsbeginn auf dem Saturn. Die Sonne strahlt in einem flachen Winkel auf die Ringe, als *Cassini* rund 17° oberhalb ihrer Ebene flog.

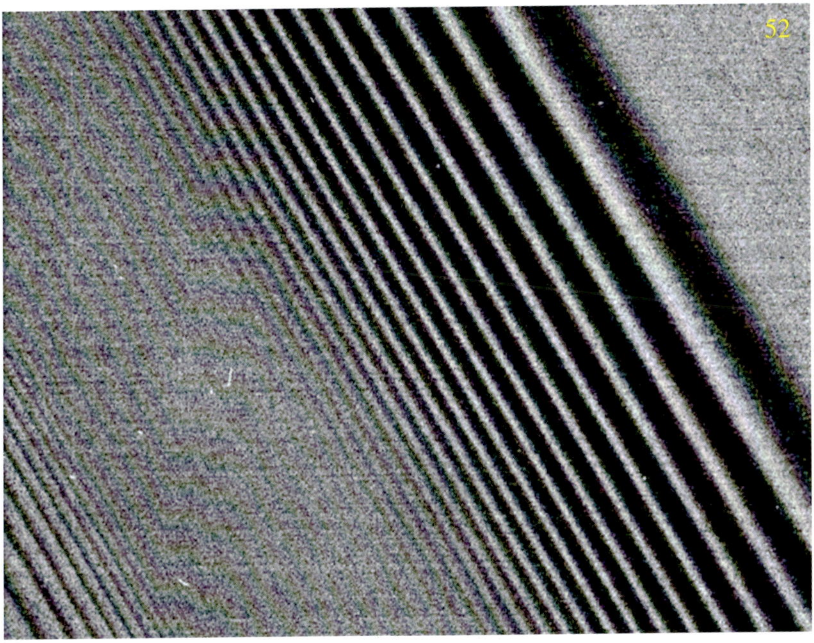

Dichtewellen spiralen durch den A-Ring. Sie werden von Monden verursacht, die durch ihre Gravitationswirkung für „entvölkerte Umlaufbahnen“ sorgen. Der Ausschnitt oben zeigt eine Region inwendig der Encke-Lücke.

Auch im innersten Ringbereich, dem D-Ring, finden sich Wellen. Diese kommen zum Vorschein, wenn das Sonnenlicht extrem flach auf die Ringe scheint (zur Tagundnachtgleiche) und die Wellenberge bestrahlt. Die hellen Teile in der oberen linken Ecke gehören zum C-Ring. Das Bild wurde beträchtlich im Kontrast verstärkt.

Zu den merkwürdigsten Entdeckungen von *Voyager* zu Beginn der 1980er Jahre gehören die „Speichen" (englisch: „Spokes") im B-Ring. Sie sind radial nach außen gerichtet wie die Speichen an einem Wagenrad. Man führt ihre Entstehung auf mikroskopische Staubpartikel zurück, die durch die UV-Strahlung der Sonne ionisiert werden. Die dann elektrisch geladenen Eisteilchen werden von den größeren Ringteilchen abgestoßen und über den Ring angehoben. Im Magnetfeld bilden sie radiale Strukturen, die durch die veränderten Streueigenschaften für das Sonnenlicht dunkler als der übrige Ring erscheinen.

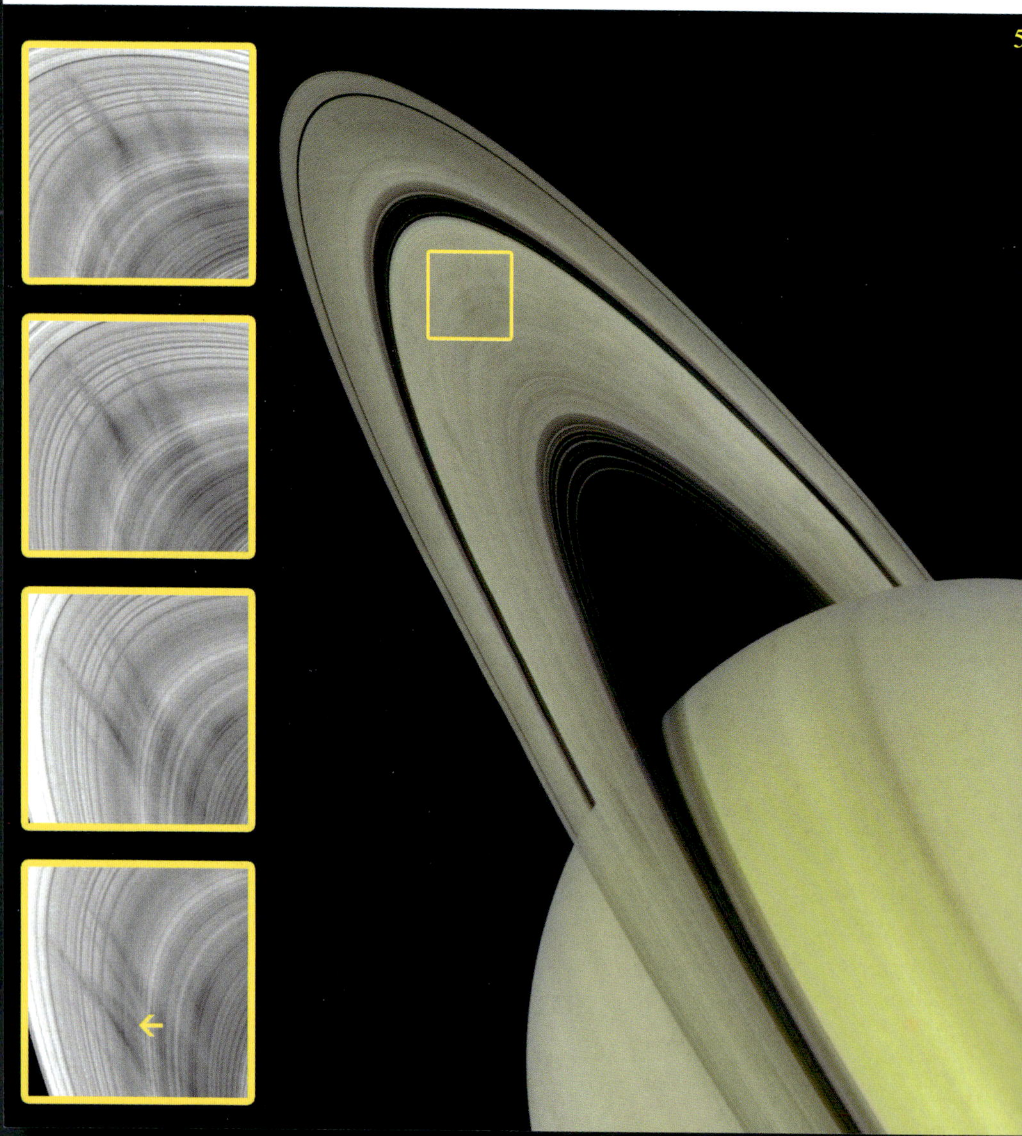

55

Ein weiteres Phänomen innerhalb der Ringe sind sogenannte Propeller. Sie gehen auf größere Brocken oder „Moonlets" zurück, die zu klein sind, um erkannt zu werden, aber groß genug, um temporäre Störungen hervorzurufen. Am 21.02.2017 widmete sich *Cassini* einem der größeren Propeller: Die obere Aufnahme blickt auf die sonnenbeleuchtete Seite des A-Rings, die untere auf die unbeleuchtete Seite. Zum Vergleich wurden die Ausschnitte auf die gleiche Größe re-skaliert (207 Meter pro Pixel). Der schwarze Bereich im unbeleuchteten, unteren Teilbild (55), der sich mitten durch den Propeller zieht, zeigt eine evakuierte Region um den Störkörper. Die Breite dieser Region beträgt rund 2 Kilometer. Aus dem Abstand der entstehenden Wellen kann man rückschließen, dass der Störkörper etwa 1 Kilometer groß sein muss.

(56): Zahlreiche weitere Propeller im A-Ring. Sie sind 10-mal kleiner als der obere.

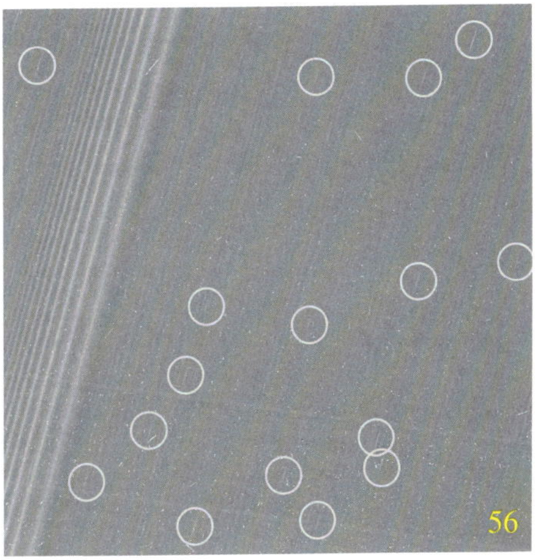

56

weitere Ringe, die aus submikroskopischen Staubteilchen bestehen: der diffuse E-Ring sowie der G-Ring (aufgehelltes Band in der dunklen Zone halbwegs zum E-Ring). Die Aufnahme half ferner bei der Entdeckung zweier weiterer Staubringe: des Janus- und Pallene-Rings. Auf der linken Seite kann man die Erde als winzigen Punkt innerhalb des G-Rings erkennen (Bildinlay). Das Panorama wurde aus 165 Einzelbildern zusammengesetzt.

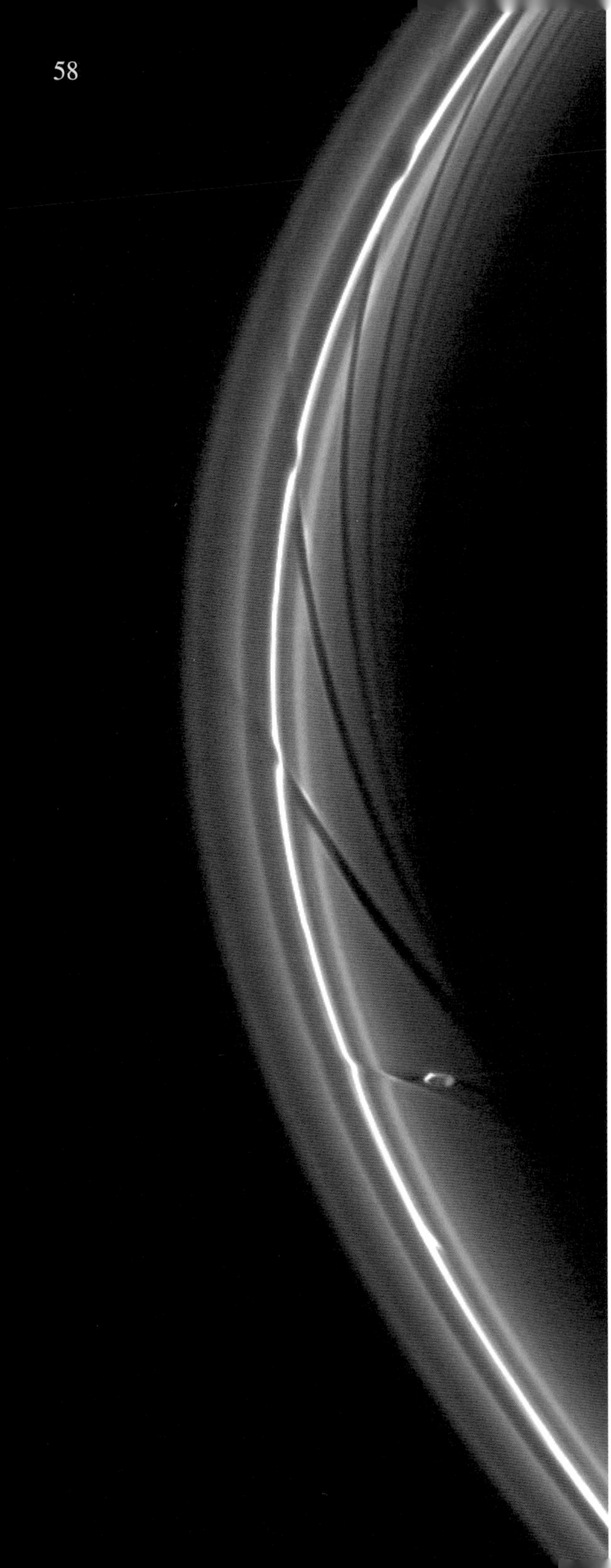

Komplexer F-Ring: Der kartoffelförmige Mond Prometheus ist auf seiner Längsseite etwa 86 km groß. Er erzeugt bei seinem Umlauf kleine Erhebungen im F-Ring. Sie werfen Schatten und erzeugen so die spiralförmigen dunklen Bänder in der Staubumgebung. Eine solche Szenerie ist nur während der wenigen Monate um das Äquinoktium auf dem Saturn möglich, wenn die Ringkante im flachen Winkel von der Sonne bestrahlt wird (hier: 8° oberhalb der sonnenbeleuchteten Seite). Die Aufnahme wurde am 21.08.2009 von *Cassini* aus einer Entfernung von 2,2 Mio km gemacht.

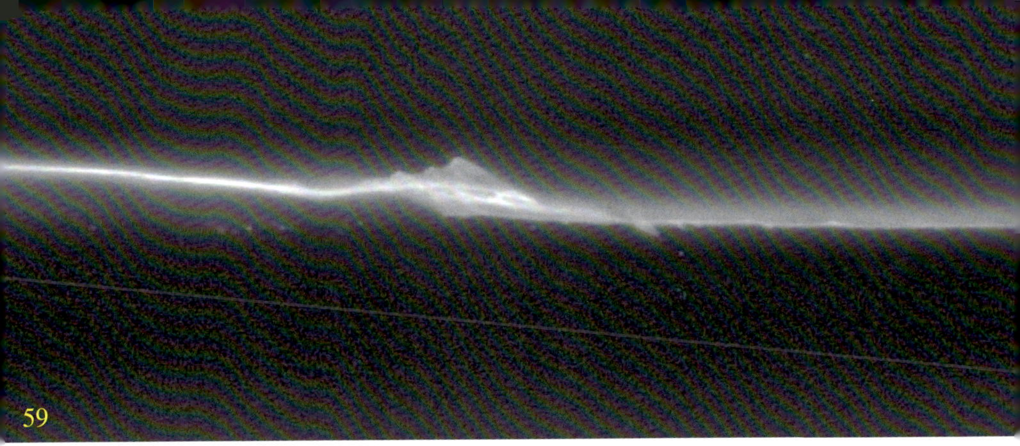

Gravitative Störungen von Staubpartikeln im F-Ring, hervorgerufen durch den Mond Prometheus.

Ein Quartett aus „Schäferhundmonden“ (v.l.n.r.: Epimetheus, Janus, Prometheus und Atlas) bewacht die Teilchenherde des F-Rings. Der Schnappschuss gelang am 27.07.2010 aus einer Entfernung von 1,3 Mio km.

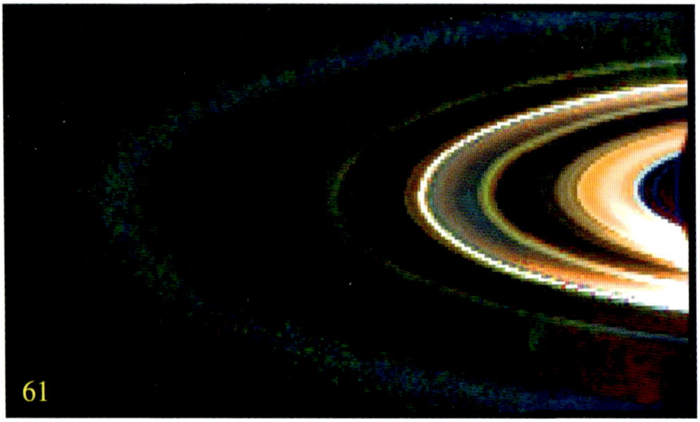

Die Aufnahme wurde mit drei Spektrometern gewonnen. Der F-Ring (weiß) bildet das hellste Element, und der C-Ring erscheint orange. Die hellblaue Farbe des D-Rings weist auf die Existenz von winzigen Partikeln. Weiter außen bildet Staub den grünlich schimmernden G- und bläulichen E-Ring. Das Bild entstand in einer Entfernung von 2 Mio km vom Saturn.

Der Mond Enceladus erweist sich als die Quelle des E-Rings.

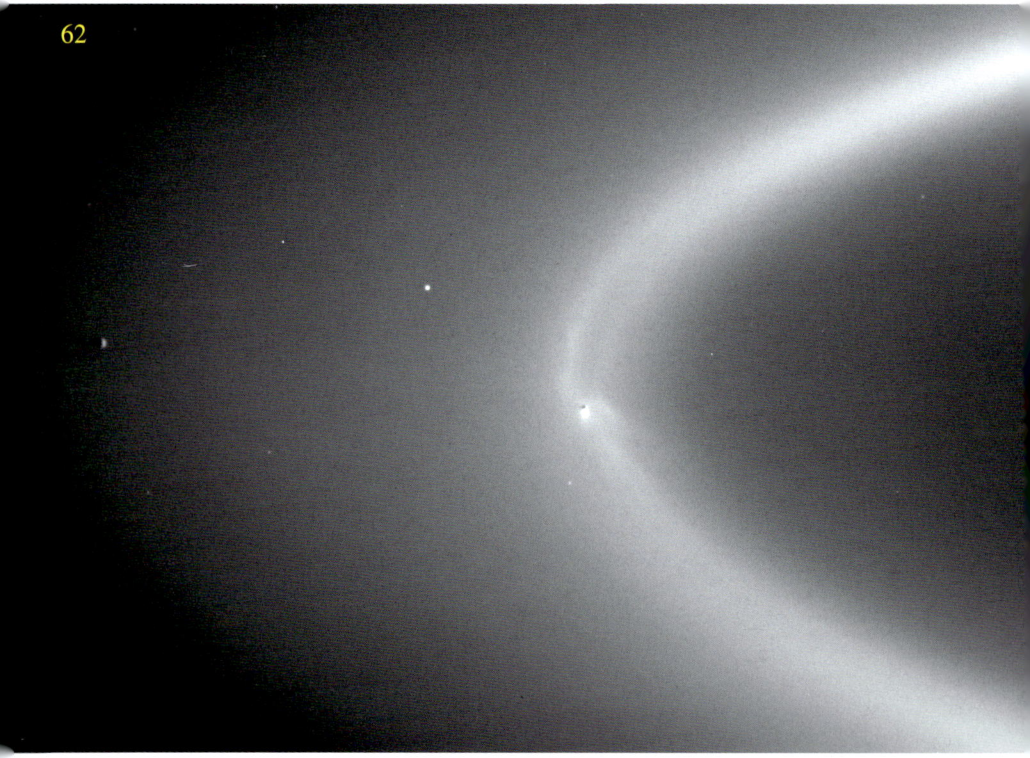

5 Die Welt der Saturnmonde

Enceladus

Enceladus ist ein Eismond mit einem Durchmesser von 504 km. Mit 99% besitzt er das größte Reflexionsvermögen aller bekannten Objekte im Sonnensystem. Dies liegt daran, dass er großflächig mit einer Eisschicht durchzogen ist, die kaum Verunreinigungen aufweist. Mit geschätzten 100 Millionen Jahren ist seine Oberfläche sehr jung. Die Südhälfte weist fast gar keine Krater auf, dafür ist er durchsetzt von langen Rillen, die man „Tigerstreifen“ getauft hat. Diese geologisch aktive Region ist um 70 bis 75 Grad wärmer als die mittlere Temperatur des Mondes. Aus den Rillen, die als Kryovulkane fungieren, treten kristalline Eispartikel aus und entweichen in den Weltraum. Entlang des Orbits von Enceladus bilden sie den staubigen E-Ring.

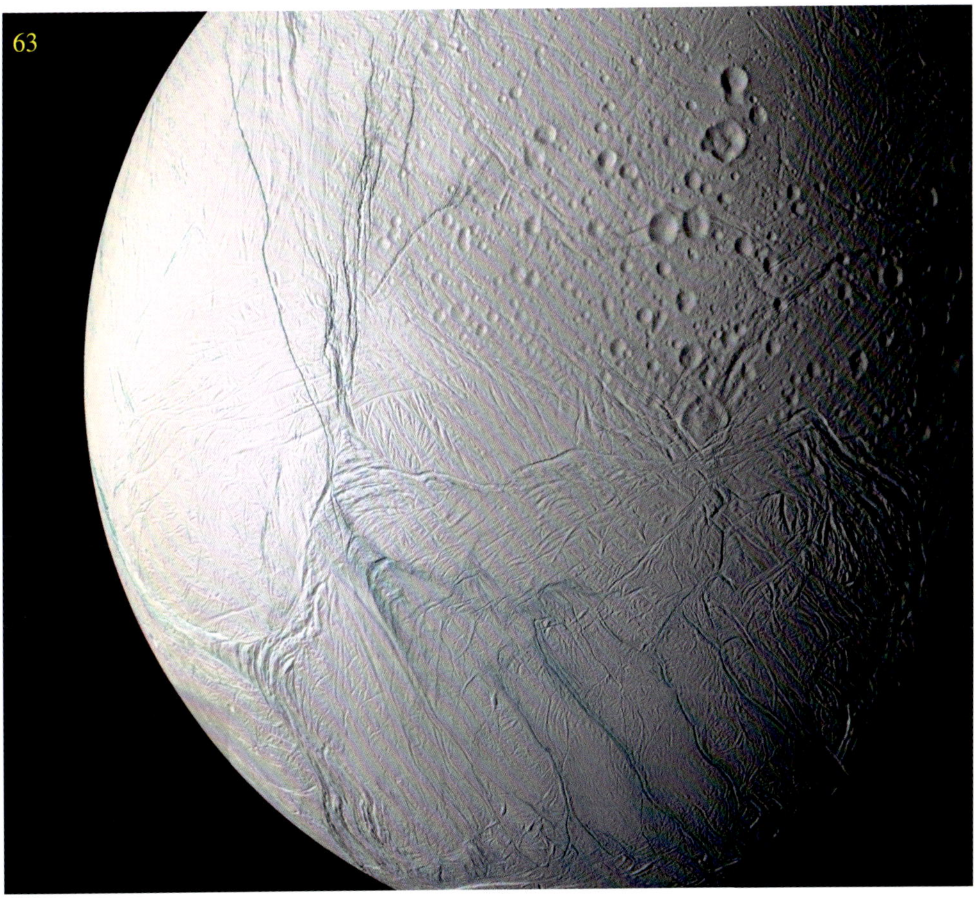

Die Gräben der Tigerstreifen sind ca. 2 km breit, die Seitenwälle etwa 250 Meter hoch. Das Relief wurde zur besseren Sichtbarkeit gestreckt. Das Bild entstand am 11. August 2008, als *Cassini* die Mondoberfläche in einer Höhe von 50 km passierte. Die Sonde flog mehrere Male durch die Kryogeysire hindurch und analysierte mit dem Staubinstrument CDA die Zusammensetzung der entweichenden Teilchen.

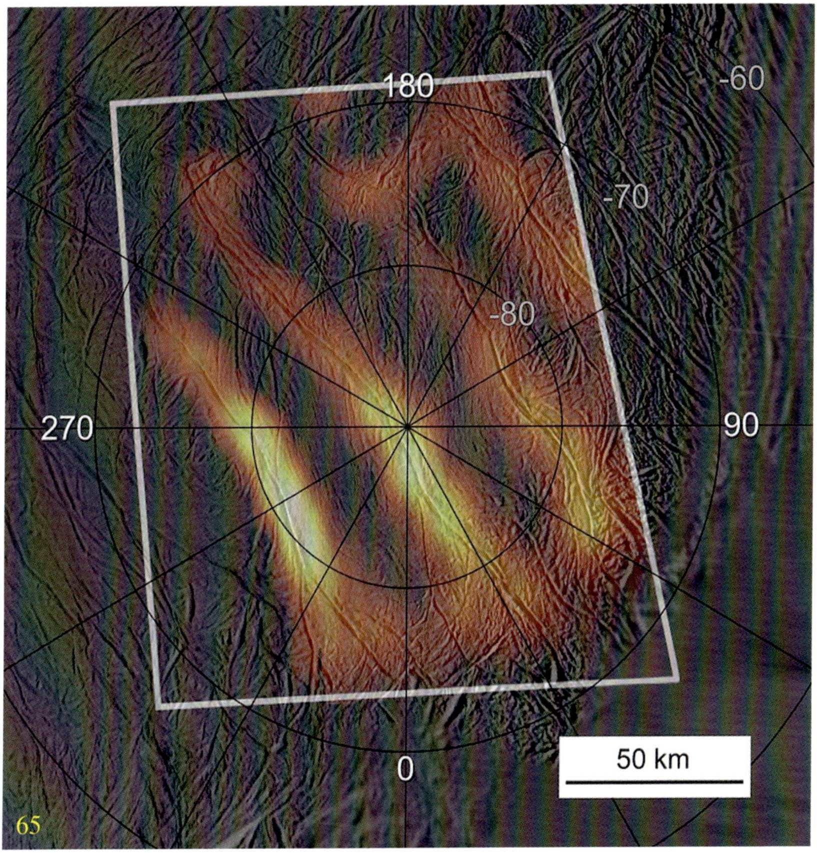

Eine thermische Karte identifiziert die 150 km langen Tigerstreifen als eine Wärmequelle. Die höchsten Werte betragen rund -190° C, während die dunklen Regionen rund 70° kälter sind. Die Ursache für die Erwärmung ist noch unklar.

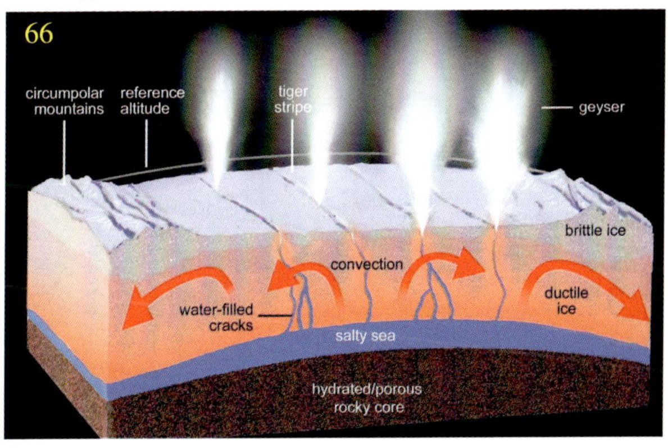

Unter der Kruste vermutet man einen Ozean aus flüssigem Wasser. Bei Vorbeiflügen registrierte *Cassini* organische Stoffe, so dass man über die Ausformung von primitiven Lebensformen an hydrothermalen Quellen spekuliert.

67 Die Südpolregion des Enceladus im Gegenlicht. Fontänen sprühen nanometergroße Eiskristalle aus den Rillen der Tigerstreifen ins All. Ein Teil des Auswurfmaterials fällt wieder auf den Mond zurück, ein anderer bildet den diffusen E-Ring.

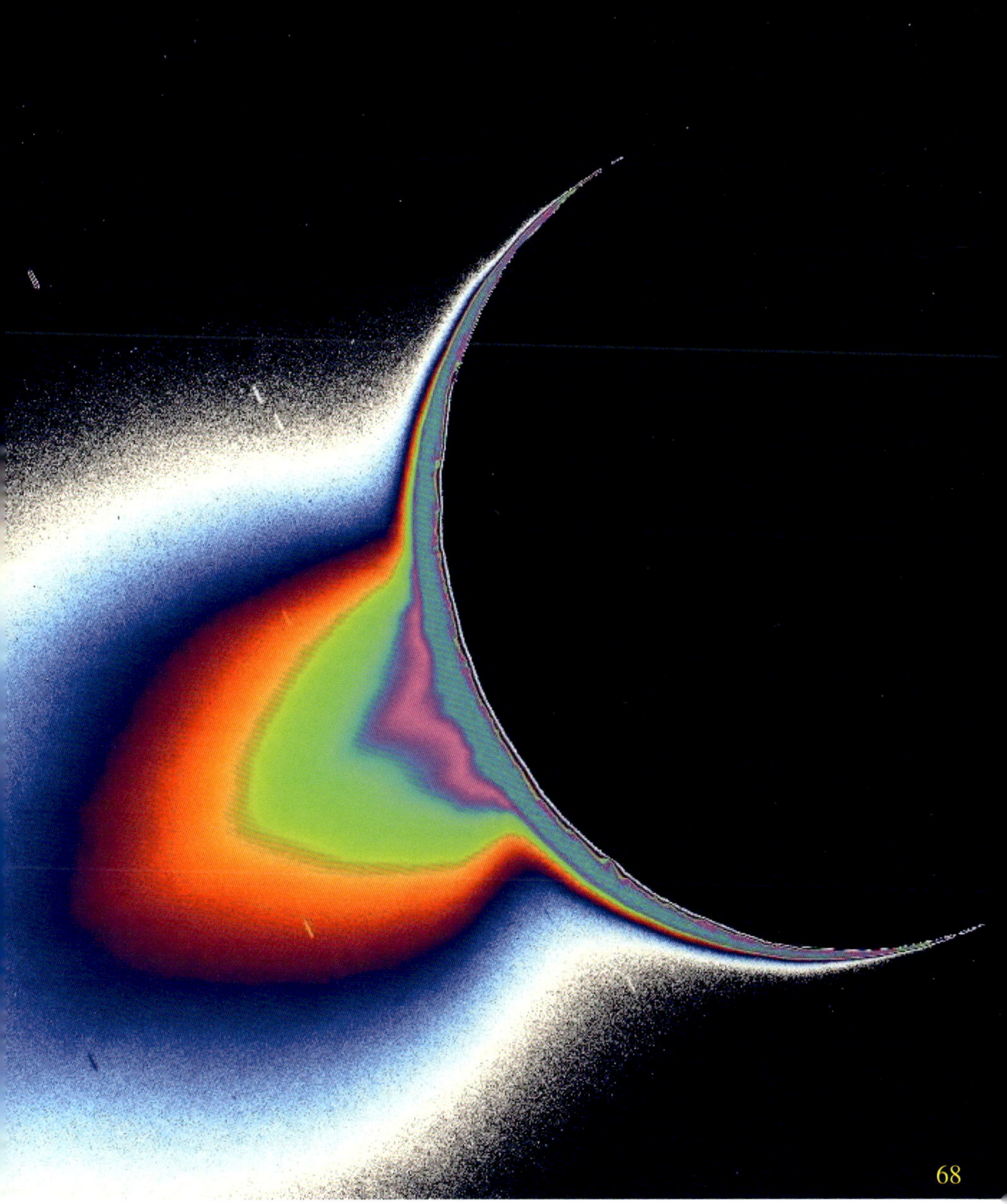

Die stark verzeichnete sowie kolorierte Partikelwolke um Enceladus verdeutlicht die Ausdehnung der leichten Teilchenkomponente. Je nach Masse erstrecken sie sich in Höhen über 500 km.

Titan

Titan ist der zweitgrößte Mond in unserem Sonnensystem (Durchmesser = 5150 km) und der einzige massereiche Mond des Saturn. Seine Atmosphäre besteht zu 98% aus Stickstoff. Mit 1,6 bar herrscht dort ein ähnlicher Bodendruck wie auf der Erde. Darüber hinaus existiert auf dem Titan ein Flüssigkeitskreislauf, allerdings übernehmen bei den dortigen Temperaturen von $-180°$ C flüssiges Methan und Ethan den Wärmetransport. Diese Stoffe sorgen für einen Treibhauseffekt, ohne den es erheblich kälter wäre. Permanenter Dunst verhindert einen direkten Blick auf die Oberfläche. Mit Wolken, Turbulenzen und Niederschlag findet man eine komplexe Meteorologie. Titan besitzt nur eine schwache Schwerebeschleunigung ($g = 1{,}345$ m/s^2), daher reicht seine Lufthülle sehr viel weiter in den Raum hinaus als bei der Erde.

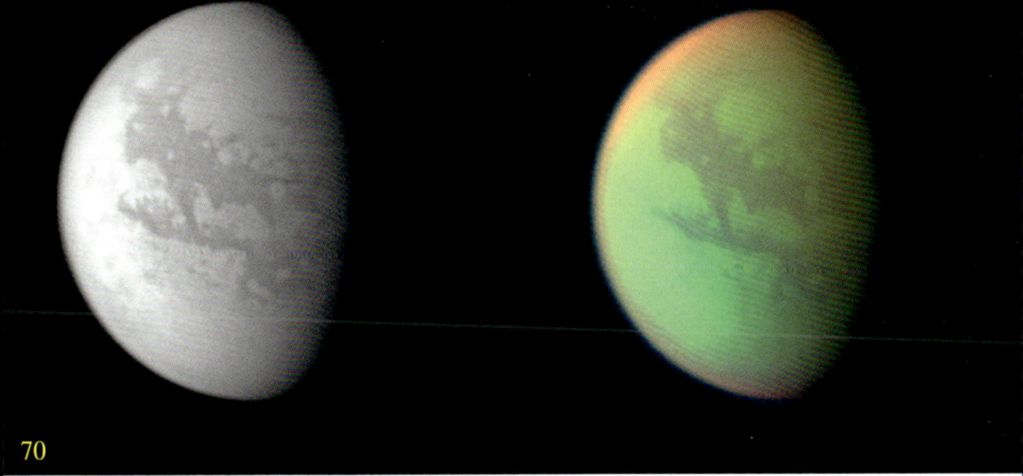

70

Links: Im nahen Infrarot zeigen sich Strukturen, die auf unterschiedliche Reflektivität am Boden zurückzuführen sind.
Rechts: Falschfarbenbild, zusammengesetzt aus 2 Infrarotaufnahmen und 1 visuellen Aufnahme, gibt unterschiedliche Höhen wieder — grün stammt von der Oberfläche, rot aus der methanreichen Stratosphäre und blau aus der hohen Atmosphäre.

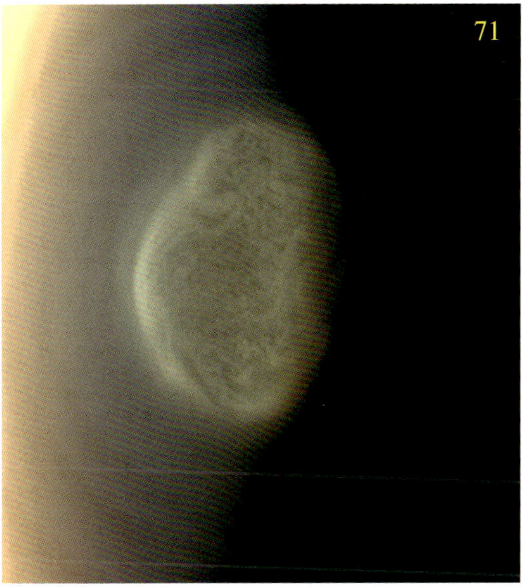

71

Im Juni 2012 wurde am Südpol des Titan ein Wirbel entdeckt, der wie eine Konvektionszelle funktioniert: Kalte Luftmassen sinken im Inneren nach unten, während an den Rändern warmes Material aufsteigt. Die Ursache für diesen Wirbel ist unbekannt. Möglicherweise hängt das Phänomen mit dem am Südpol einsetzenden Winter zusammen.

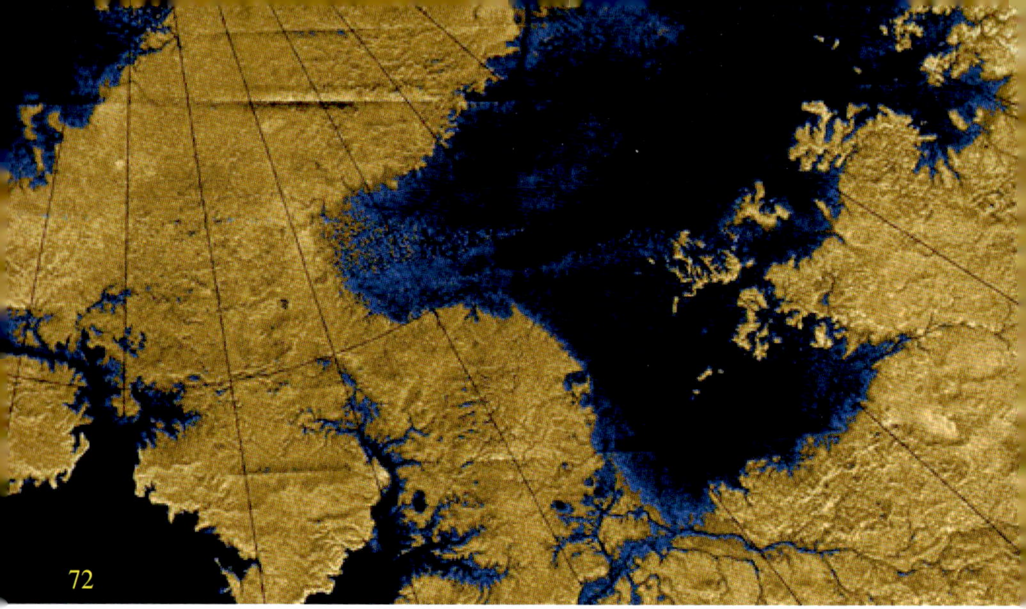

72

Cassinis Radar registrierte im Norden des Titan keinerlei Reflexionen in bestimmten Regionen, d.h. deren Rückstrahlvermögen war gleich Null. Diese Stellen erscheinen schwarz. Man folgert daraus, dass die Gegenden so glatt sind wie eine Flüssigkeit bei totaler Windstille. Es ist anzunehmen, dass es sich um Gewässer, bestehend aus Methan und Kohlenwasserstoffen, handelt. Ihre Tiefe kann laut Radarmessung bis zu 170 m betragen. Bemerkenswert ist auch, dass ein verzweigtes Netz an Flussläufen zu diesen Methanseen führt. Das Terrain zeigt kaum Erosion.

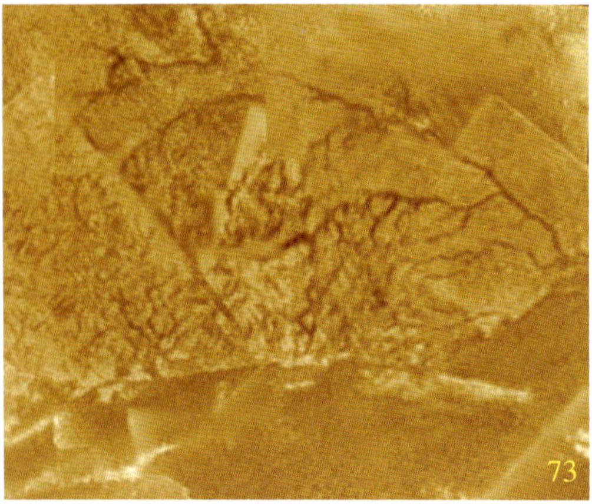

73

Als die Abstiegssonde *Huygens* auf dem Titan landete, gab der Dunst erst 20 Kilometer über der Oberfläche den Blick auf den Boden frei. Das Bild links, gewonnen in einer Höhe zwischen 13 und 7 km, zeigt ein verzweigtes Netz von Tälern, die in ein flaches, tiefer liegendes zusammenhängendes Gebiet münden.

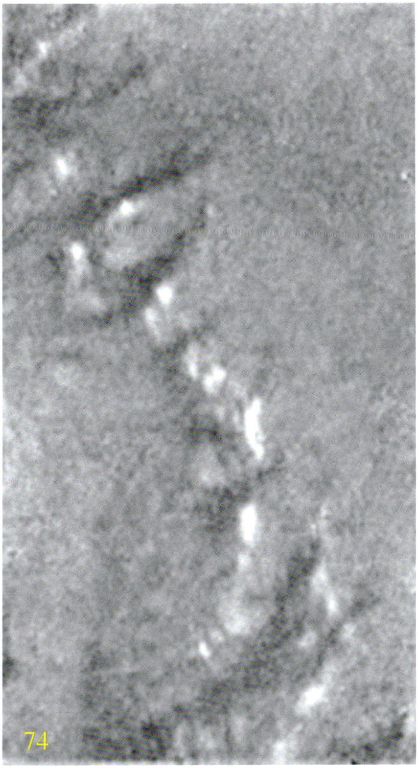

Verglichen mit anderen Oberflächen offenbart sich der Titan als außergewöhnlich homogen. Höhenunterschiede von mehr als 150 Meter kommen selten vor. Man findet dort auch nur sehr wenige Krater.

Links: Während des Sinkflugs machte *Huygens* ein Foto vom Gelände des Landeplatzes. Die hellen Stellen wirken wie „Inseln", die von einem Strom umflossen werden. Die Furchen um die hellen Inseln befinden sich auf unterschiedlichen Höhen.

Rechts: Das einzige Bild, das vom europäischen Landemodul *Huygens* von der Titanoberfläche zurückgefunkt wurde. Die Oberfläche ist im allgemeinen sehr glatt, es gibt keine Erhebungen, und sie zeigt ein geologisch junges Alter. Die Objekte im Vordergrund sind eher Eisbrocken als Steine.

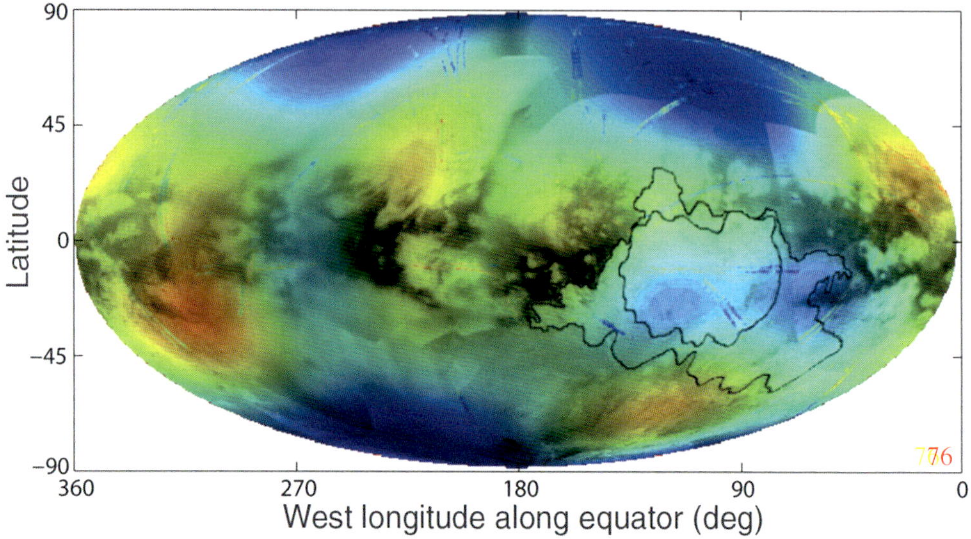

Atlas des Titan. Die auffälligste Struktur ist ein helles Gebiet von der Größe Australiens (Markierung). Es wurde „Xanadu" getauft.

Innerhalb der Region Xanadu sticht ein kreisförmiges Gebiet hervor, das kaum Relief zeigt. Lediglich im Zentrum ist sie geringfügig tiefer. Manche Wissenschaftler meinen, es handle sich um einen Krater, doch dazu fehlen weitere Hinweise wie z.B. ein Wall an den Rändern. Das Bild entstand bei infraroten Wellenlängen und wurde stark bearbeitet, um möglichst viele Feinheiten hervorzuheben.

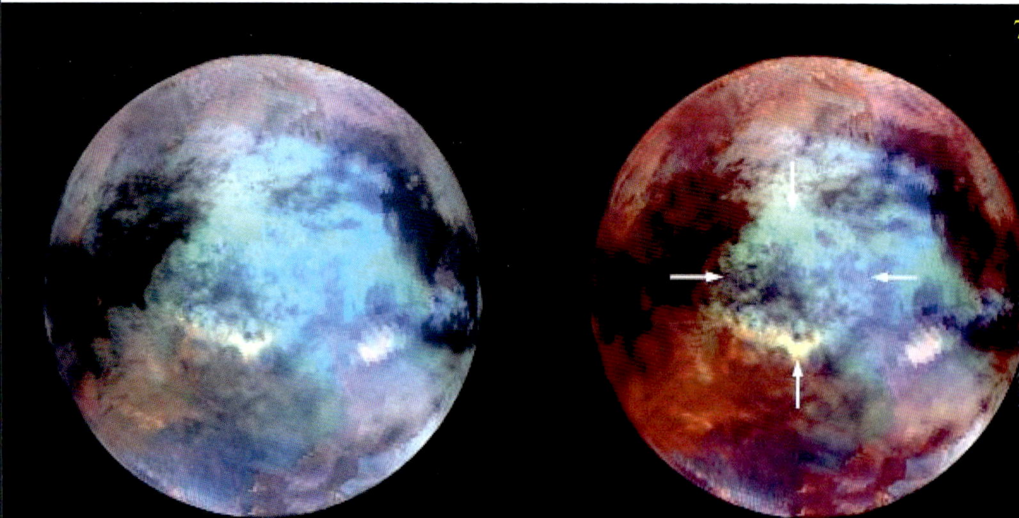

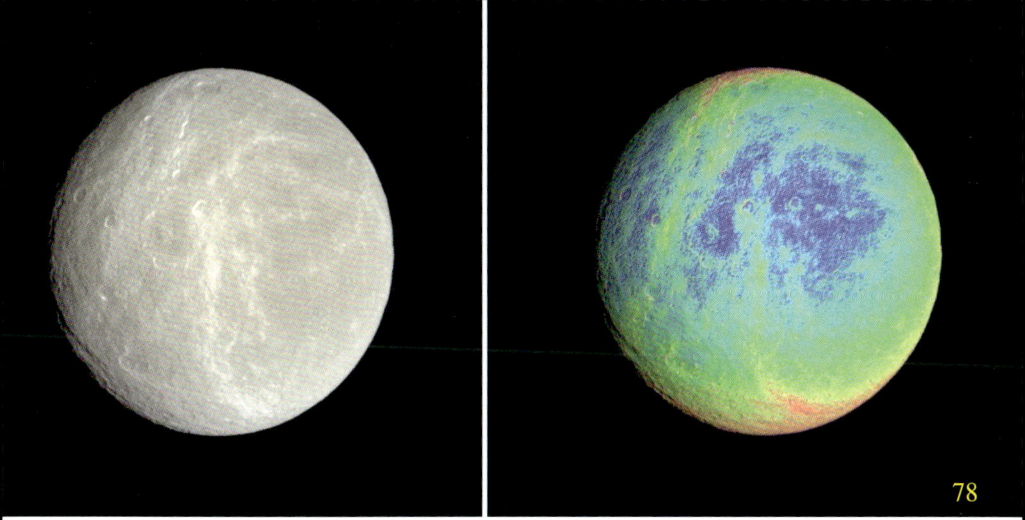

78

Rhea

Der Eismond Rhea ist der zweitgrößte Trabant und misst 1527 km im Durchmesser. Wie fast alle Monde des Saturnsystems hat er eine niedrige Dichte ($\rho = 1{,}236$ g/cm^3), die darauf hindeutet, dass er im wesentlichen aus Wasser bzw. Eis besteht. Der Gesteinsanteil liegt bei höchstens 25%. Im normalen Licht (links) zeigt die Oberfläche eine stark verkraterte Struktur. Auf dem Falschfarbenbild (rechts) erkennt man Gebiete unterschiedlichen Alters, die sich teilweise überlagern. Die Ursache der Farbdifferenzen ist nicht ganz verstanden; sie können von andersartiger Zusammensetzung der Oberfläche herrühren, aber auch von unterschiedlich großen Körnchen, die sich auf dem Eis abgesetzt haben.

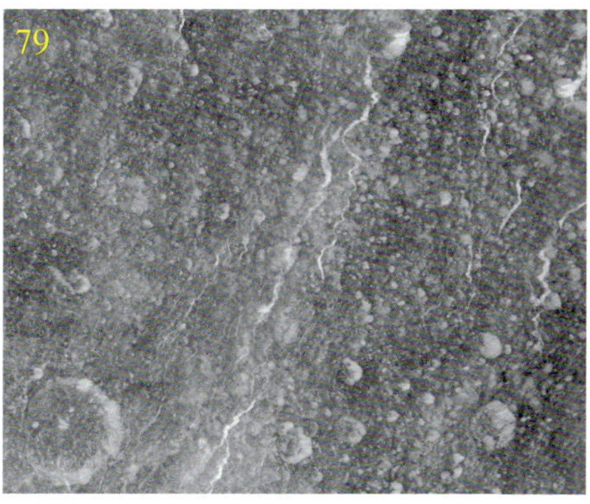

79

An manchen Stellen finden sich helle, über 100 Kilometer lange, gewundene Linien. Diese Filamente sind Gräben mit einer Tiefe bis zu 4 km. Sie weisen auf einstige Spannungen in der Eiskruste hin, die sich beim Ausdehnen entladen und Brüche hinterlassen haben.

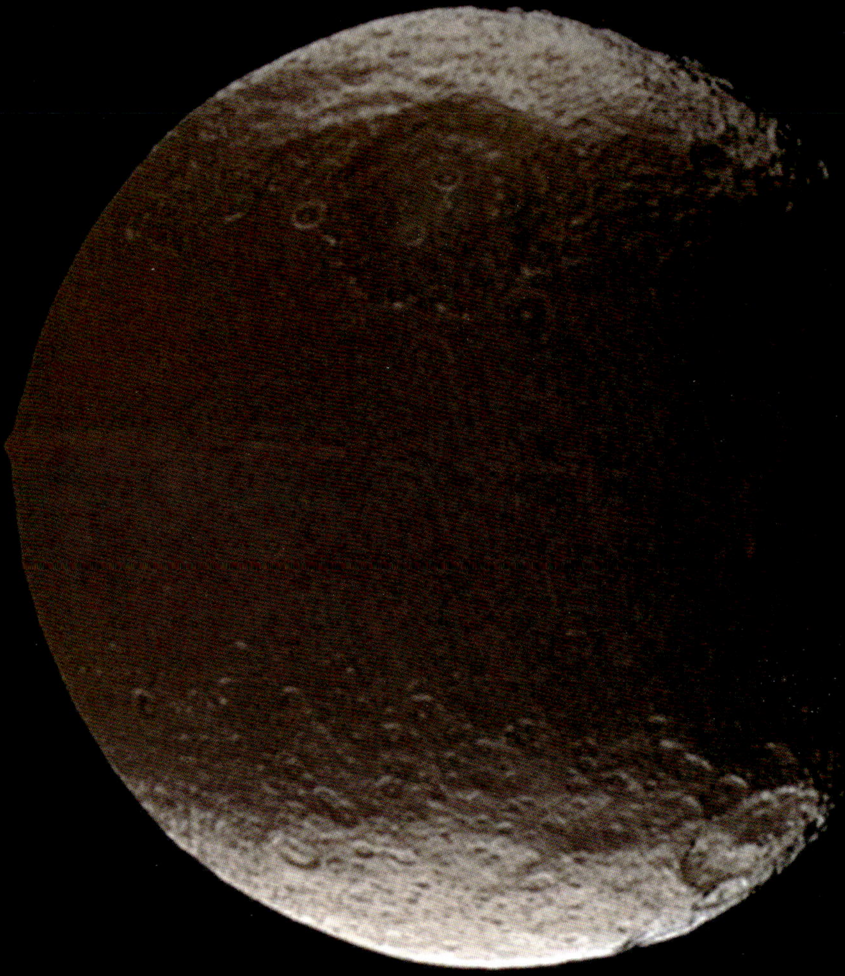

Iapetus

Iapetus, der drittgrößte Mond des Saturnsystems, hat eine zweigeteilte Oberfläche: Die dem Bahnumlauf zugewandte Seite ist extrem dunkel, aber die abgewandte Hälfte sehr hell. Eine Erklärungstheorie besagt, dass das dunkle Material durch Vulkanismus aus dem Inneren entstanden sein kann und durch UV-Strahlung sowie ionisierte Partikel verdunkelt worden ist.

Eine andere Theorie sieht einen Sublimationseffekt vor, der die ursprünglich eisige Oberfläche wegerodiert hat. Eine dritte Hypothese führt das dunkle Material auf den Mond Phoebe zurück, dessen Staub sich auf Iapetus' Vorderseite abgesetzt hat. Eine vierte Theorie beruht auf dem Zusammenprall mit einem dunklen Objekt, dessen Auswurfmaterial Iapetus entlang seiner Bahn aufgesammelt hat.

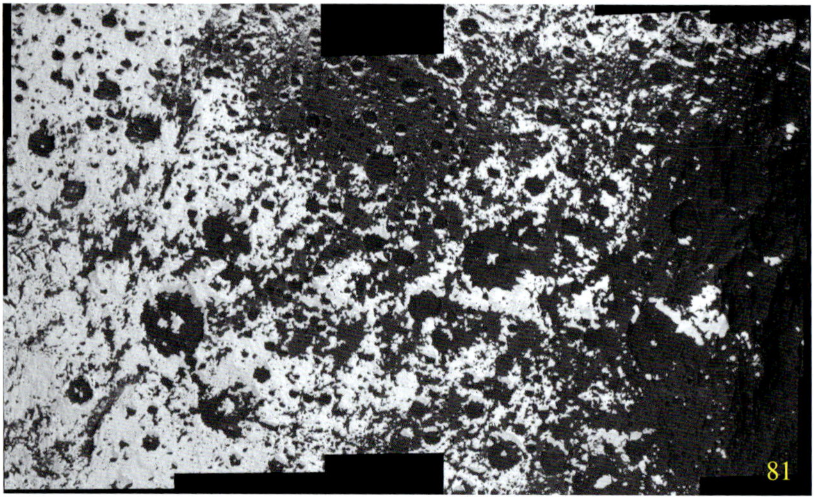

Der Übergangsbereich zwischen der hellen und dunklen Iapetushälfte sieht wie eine schneebedeckte Berglandschaft aus.

Eine weitere Besonderheit des Iapetus stellt ein Gebirgswall dar, der sich fast um 3/4 des Äquators zieht. Er gibt dem Mond eine Art „Wallnussform“. Auch bei diesem ist die Entstehung ein Rätsel. Er kann sich als Relikt von einem herabgefallenen Geröllring gebildet haben oder eine tektonische Auffaltung sein.

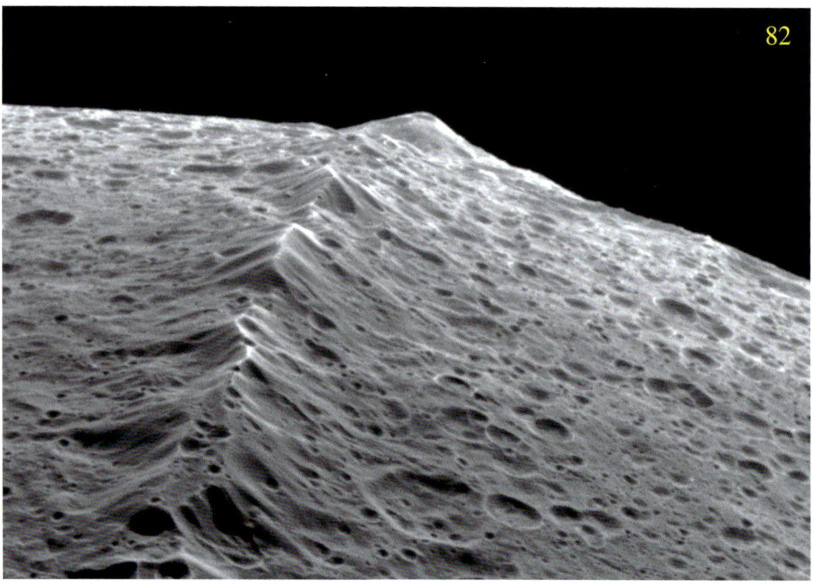

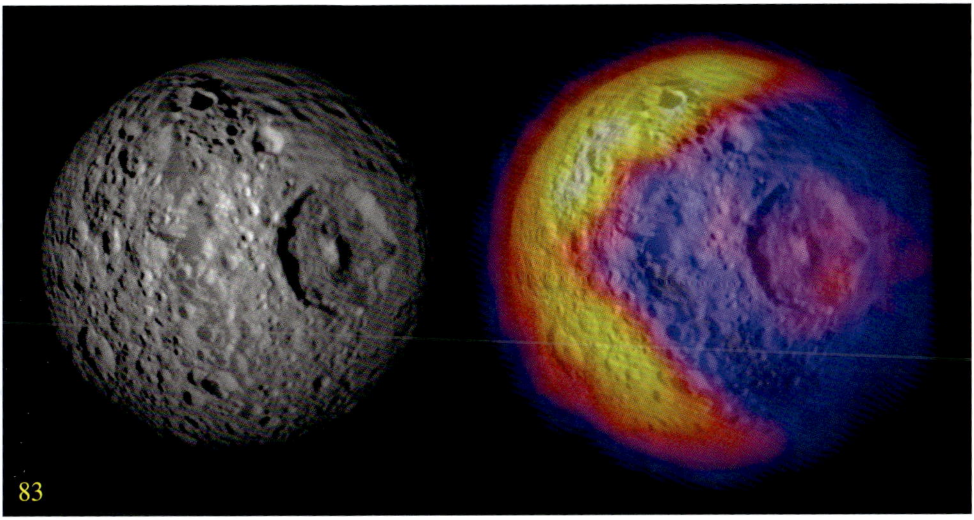

83

Mimas, Dione

Auf Mimas (Durchmesser: 400 km) ist man auf eine ungewöhnliche Temperaturverteilung gestoßen. Die größte Aufheizung des Gesteins erwartet man kurz nach der „Mittagszeit“, was ungefähr mit der Mondmitte zusammenfallen sollte. Die Messungen des Infrarotspektrometers ergaben jedoch, dass der Mond in eine warme (92 K) und kalte (77 K) Hälfte geteilt ist. Man vermutet, dass hierfür Material mit unterschiedlicher Wärmeleitfähigkeit verantwortlich ist. Ob dies mit dem auffällig großen Krater Herschel zusammenhängt, ist noch ungewiss.

Dione, rund 1.118 km im Durchmesser, weist auf seiner der Umlaufrichtung abgewandten Seite mehrere Bruchstellen auf. Das Bild wurde im Licht der ultravioletten Wellenlängen (338 nm) am 7. März 2005 aufgenommen. *Cassinis* Distanz zum Mond betrug 1,6 Mio km.

84

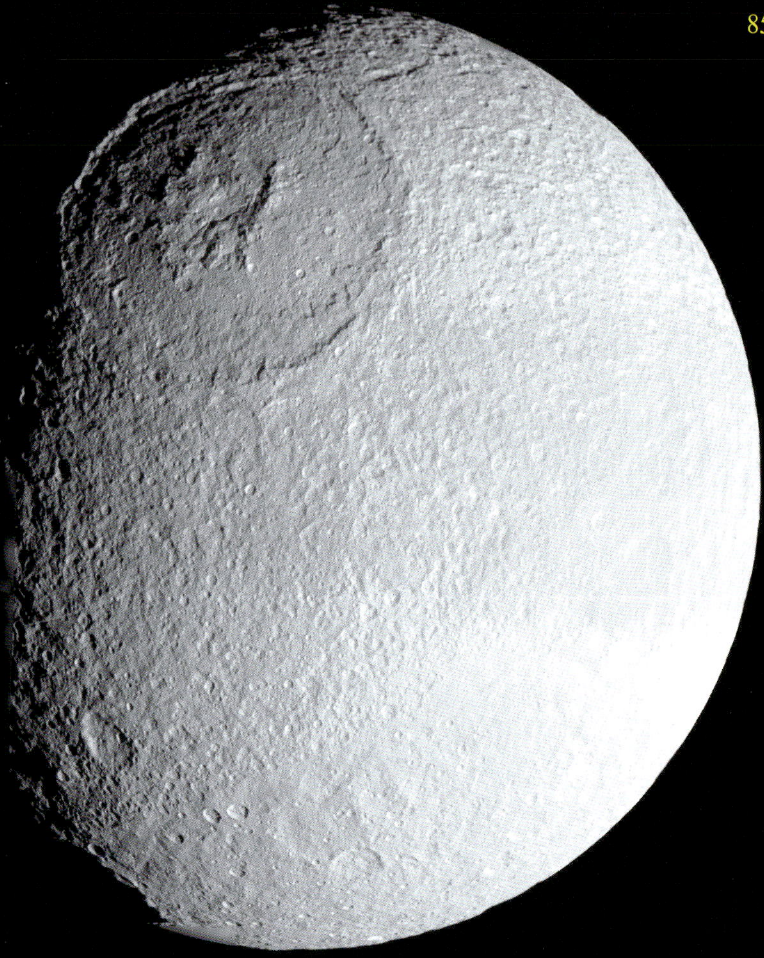

Tethys

Auf Tethys schmückt ein gewaltiger Krater von 450 Kilometern namens Odysseus die Oberfläche. Der Kraterboden befindet sich rund 3 km tiefer als der mittlere Mondradius, während das Zentralgebirge um 6–9 km angehoben ist. Der Krater hat die Kugelform des Mondes weitgehend angenommen, ein Relaxationseffekt nach dem Einschlag. Da Tethys eine Dichte von 0,98 g/cm^3 besitzt, besteht er wohl vollständig aus Wassereis. Beim Impakt muss der Mond aufgeschmolzen sein, hat sich verformt und bildet sich nun wieder zurück.

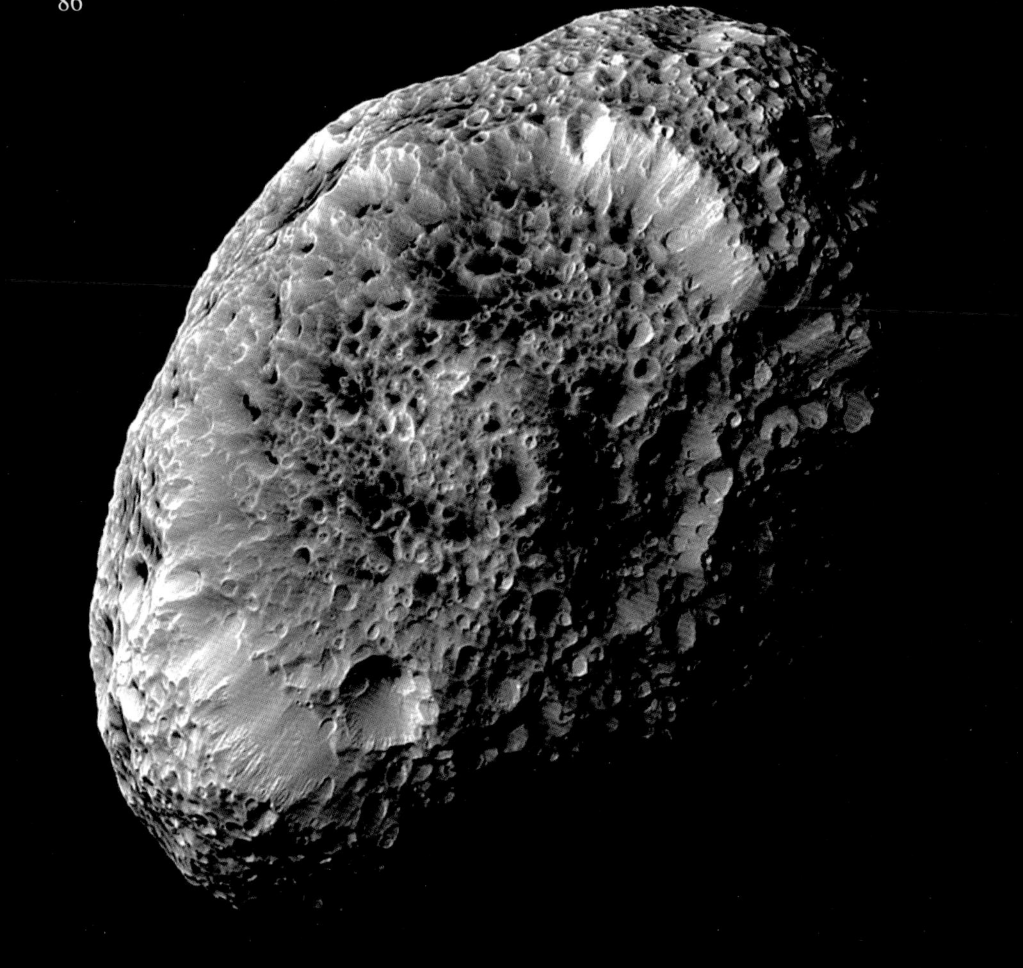

Hyperion

Hyperion hat eine mittlere Dichte von 0,54 g/cm^3 und besteht größtenteils aus Wassereis. Er hat kaum Gestein, doch weist er zahlreiche Hohlräume auf. An seiner längsten Achse ist er etwa 350 km lang. Darüber hinaus rotiert er chaotisch: Die Orientierung seiner Achse lässt sich nicht berechnen. Eventuell spielt der Einfluss des benachbarten Titan eine Rolle für seine unvorhersagbare Taumelbewegung.

Kleinmonde

Wie in einem kosmischen Ballett tanzen die ko-orbitalen Monde **Janus** und **Epimetheus** um einander herum. Sie tauschen ihre Plätze alle vier Jahre. Die Nähe ist in dieser Perspektive eine optische Täuschung: Janus (181 km groß, rechts) ist rund 40.000 km weiter von der Raumsonde *Cassini* entfernt als Epimetheus (116 km groß, links). Selbst wenn die Monde ihre Positionen wechseln, kommen sie sich nie näher als 15.000 km.

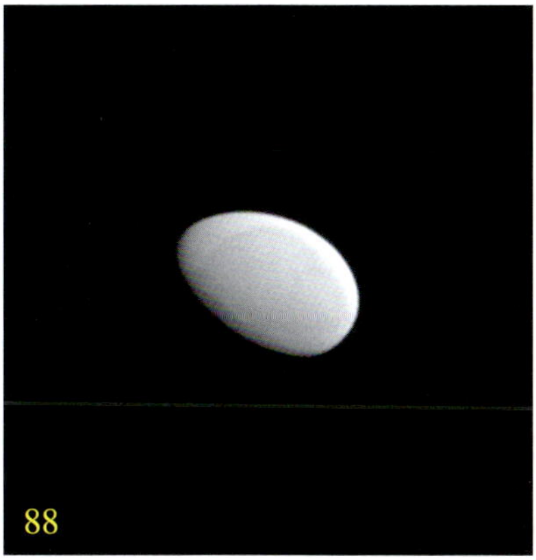

88

Glatt wie ein Ei erscheint der Minimond **Methone** (3 km). Sein Orbit wird von Mimas so stark beeinflusst, dass die Bahnparameter ständig gestört werden. Beispielsweise schwankt seine wahre Position um 20 km um die mittlere Lage.

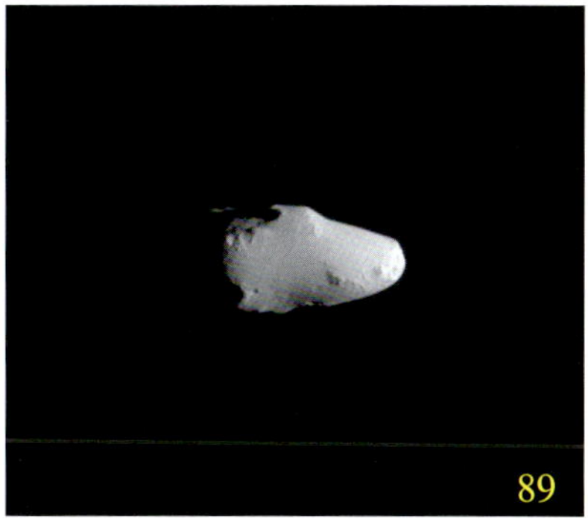

89

Der irregulär geformte **Calypso** ist ein Trojaner-Mond von Tethys, d.h. er befindet sich in einem der beiden stabilen Lagrange-Punkte des Systems Saturn–Tethys: Von Saturn aus gesehen, läuft er Tethys in einem Winkel von 60° voraus. Die lange Achse des Mondes ist 21 km lang. Das Bild entstand in einem Abstand von 21.000 km.

Die Oberfläche des winzigen Mondes **Helene** sieht bemerkenswert glatt aus. Er scheint entweder von Erosion geprägt zu sein, oder er ist von einer meterdicken Staubschicht bedeckt. Dies ist insofern beachtlich, da der Brocken nur 33 km durchmisst. Seine Eigengravitation ist so gering, dass er die Gestalt seiner Oberfläche nicht selbst beeinflussen kann.

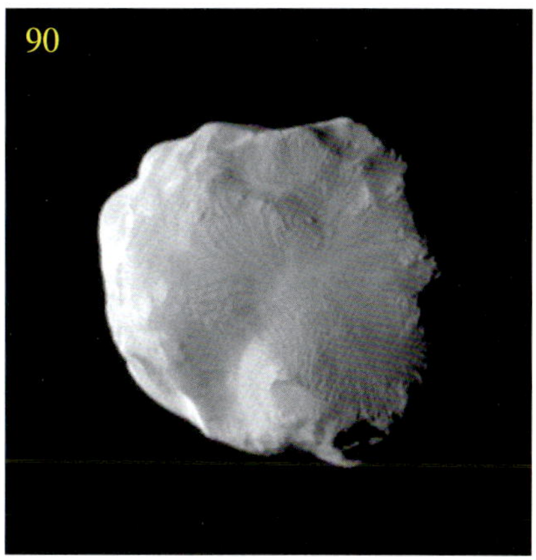

90

91

In einer Entfernung von knapp 13 Millionen km umkreist **Phoebe** den Saturn. Mit 200 km zählt er zu den kleineren Satelliten, seine Umlaufrichtung ist retrograd (Bahnneigung gegenüber Äquatorebene: 152°). Aufgrund dieser Bahneigenschaften vermutet man, dass er einst ein Asteroid war und vom Saturn eingefangen wurde. Infrarot-Messungen der chemischen Zusammensetzung ergaben, dass es sich ebenso um einen ehemaligen Kometenkern aus dem Kuipergürtel handeln könnte. Ferner weist Phoebe nach Titan die größte Dichte auf, obwohl sie nur 1,63 g/cm^3 beträgt. Die *Cassini*-Daten haben ergeben, dass er zu den am stärksten verkraterten Objekten des Sonnensystems gehört.

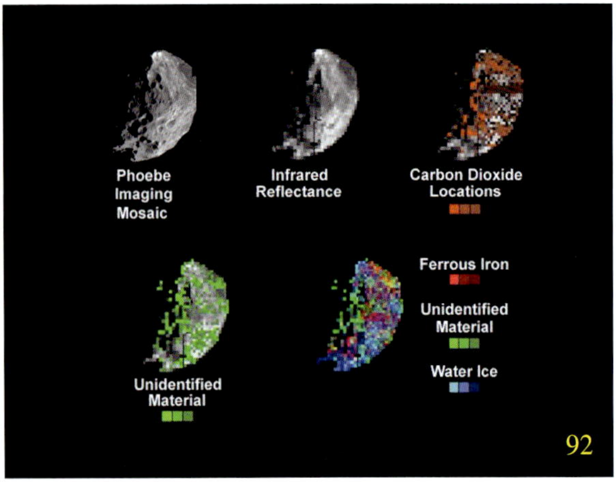

92

93

Prometheus ist an seiner längsten Achse 119 km groß und doppelt so lang wie breit. Die Längsseite ist zum Saturn ausgerichtet. Auf seiner Oberfläche befinden sich Einschlagkrater bis zu 20 km Durchmesser. Er bewacht als Schäferhundmond den F-Ring und verursacht jene Wellen, die den Ring so staubig erscheinen lassen (58, 59). Das Bild wurde am 26.12.2009 aus einer Entfernung von 59.000 km gemacht.

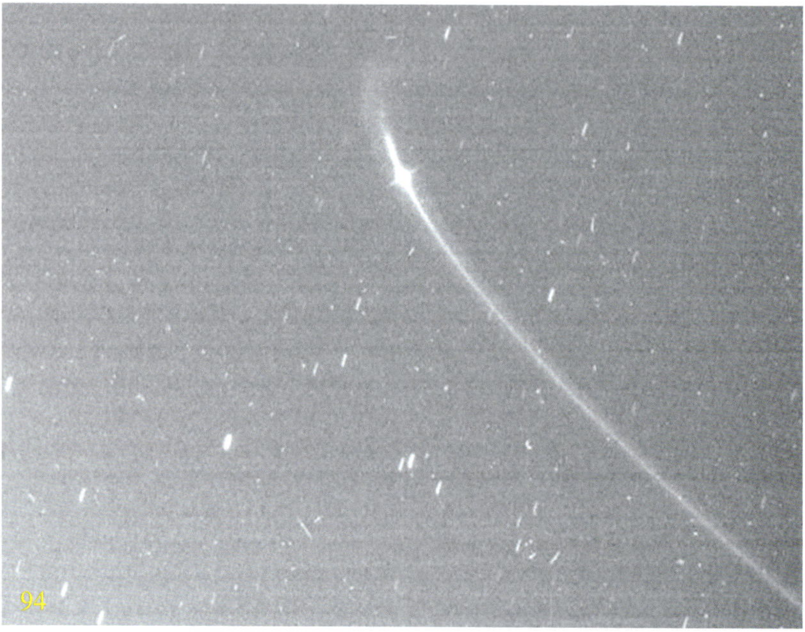

Einer der kleinsten Monde ist Anthe: 1,8 km. Seine Umlaufbahn befindet sich zwischen Mimas und Enceladus. Vor und hinter seiner Position existiert ein unvollständiger Ringbogen. Man nimmt an, dass der Ringbogen durch die gravitative Resonanz mit Mimas von der Dispersion abgehalten wird.

Größenvergleich der kleinen Saturnmonde, die als Schäferhundmonde das Aussehen der Ringe beeinflussen. Sie kreisen in den Ringlücken oder an dessen Rand und sorgen für die Stabilität. Rechts als Vergleich: Mimas, der innerste klassische Mond mit einem Durchmesser von 396 km.

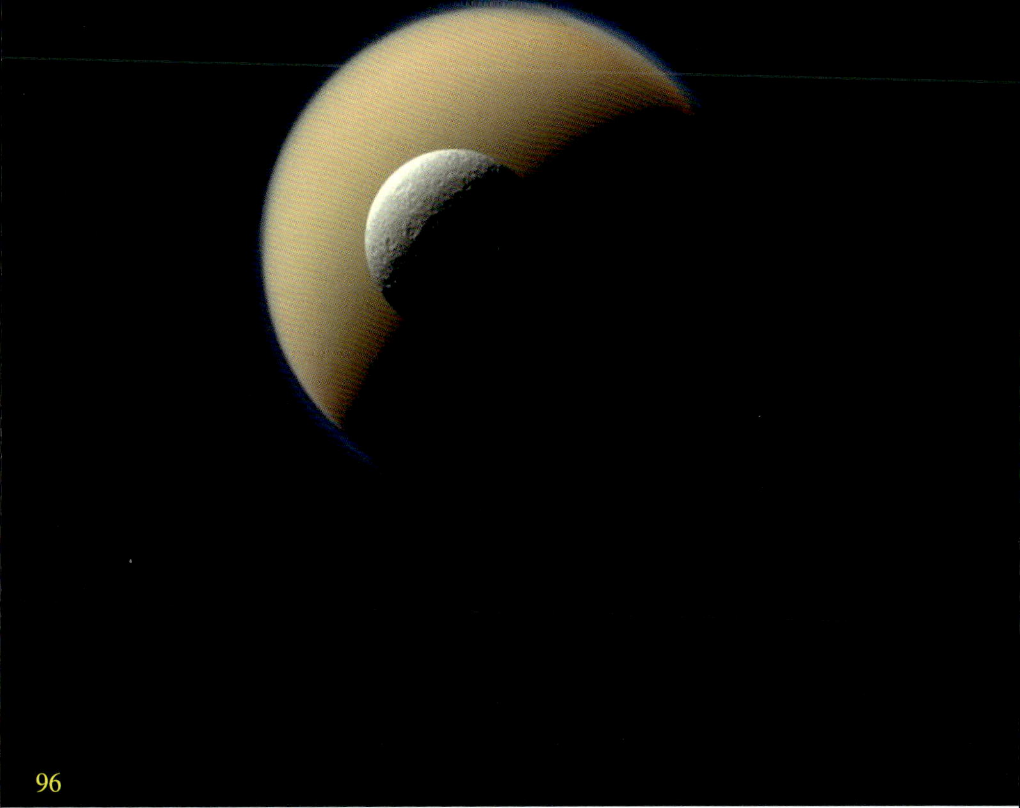

96

6 Mond-Billard

Eine private Bedeckung beobachtete *Cassini* am 16. Juni 2011, als sich die beiden größten Satelliten des Saturn, Rhea und Titan, bedeckten. Im Vordergrund zog Rhea, etwa 1,8 Millionen Kilometer von der Kamera entfernt, perspektivisch vor Titan, etwa 2,5 Mio km entfernt, vorüber. Das Bild gibt ungefähr die realen Farben der Objekte wieder.

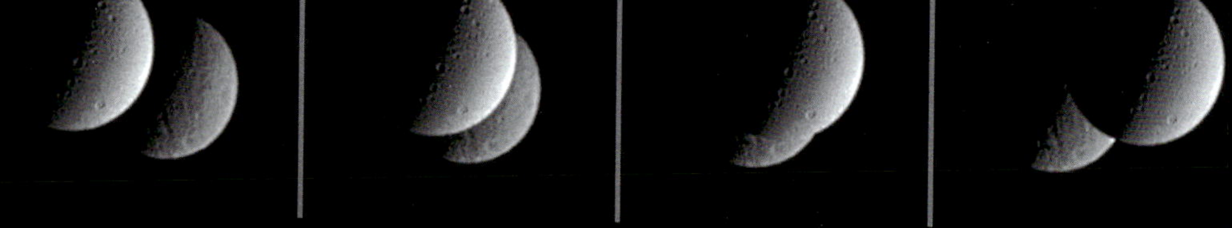

97 Rhea (hinten) lief am 20.02.2005 scheinbar hinter Dione (vorne) vorbei. Tatsächlich bewegt sich Dione schneller; die Kamera wurde mit diesem Mond mitgeführt. Beide Monde wirken fast gleich groß, doch auch dies ist ein perspektivischer Effekt. Zwischen den beiden Objekten liegen 800.000 km.

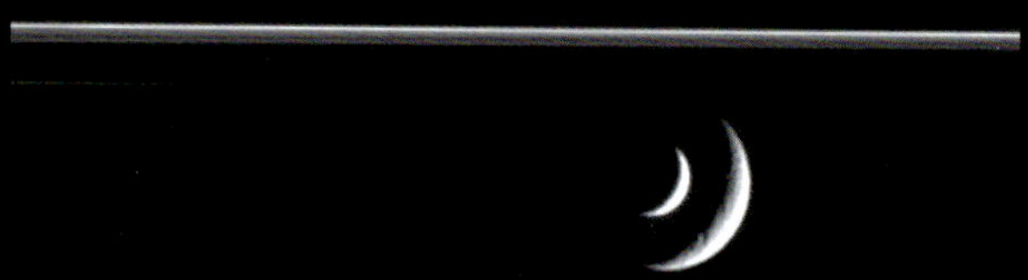

98

Am 2. März 2006 näherten sich Enceladus (Vordergrund) und Rhea. Der Transit vor dem Rhea-Scheibchen dauerte weniger als 1 Minute. Die Saturnringe bilden den weißen Streifen, der sich über das Bild zieht.

Als sich die *Cassini*-Sonde am 10. Juni 2006 im Schatten des Titan befand, blickte sie zur Sonne: Die Atmosphäre des Titan streut das Sonnenlicht und bildet den hellen Ring um die dunkle Kugel. Rechts daneben sieht man die Silhouette des Enceladus. Durchkreuzt wird das Blickfeld von den Saturnringen.

99

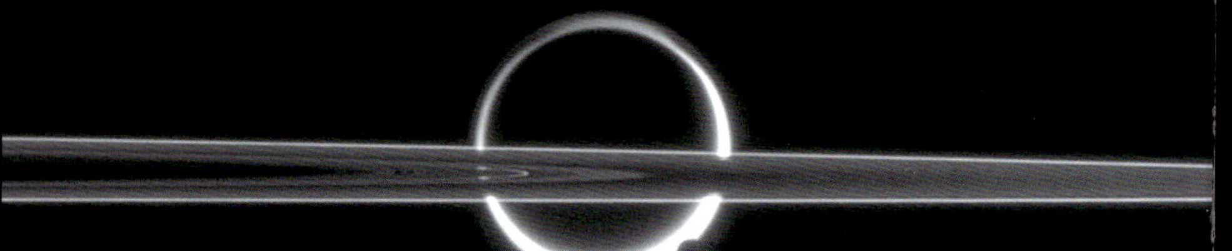

100 Titan wirft seinen Schatten auf den Saturn. Ein Beobachter in diesem Bereich würde eine totale Sonnenfinsternis erleben. Ebenso würde man am Äquator die Sonne verfinstert sehen, da diese ebenfalls die Sonne verdecken.

101 Am 25. März 2015 versammelten sich drei Monde zu einer Konferenz von Sicheln (von oben nach unten): Rhea, Titan und Mimas.

Zu einem Portrait kamen am 29. Juli 2011 gleich fünf Monde zusammen (v.l.n.r.): Janus, Pandora, Enceladus, Mimas und Rhea.

102

103 Der britische Musiker Paul McCartney bekam zu seinem 64. Geburtstag ein Poster mit 64 Szenen aus dem Foto-Repertoire der *Cassini*-Mission geschenkt. Es war eine Hommage an den Ex-Beatle für seinen Song „When I'm Sixty-Four": `http://www.ciclops.org/dlinks/2879/`

14. September 2017 um 19:59 UTC

Zeitleiste ausgewählter Ereignisse

Jahr	Datum		Ereignis
1979	Sep	01	Flyby von *Pioneer-11*
1980	Nov	12	Flyby von *Voyager-1*
1981	Aug	25	Flyby von *Voyager-2*
1997	Okt	15	Start der Mission *Cassini-Huygens*
2000	Dez	30	Flyby am Jupiter
2004	Feb	06	Beginn der kontinuierlichen Beobachtung
2004	Jun	11	einziger Flyby an Phoebe, d = 2068 km
2004	Jul	01	Eintritt in den ersten Saturn-Orbit
2005	Jan	14	Landung des *Huygens*-Moduls auf Titan
2005	Feb	17	dichtester Flyby an Polydeuces, d =6451 km
2005	Sep	24	dichtester Flyby an Tethys, d = 1495 km
2005	Sep	26	dichtester Flyby an Hyperion, d = 479 km
2005	Okt	11	dichtester Flyby an Telesto, d = 9518 km
2007	Sep	10	dichtester Flyby an Iapetus, d = 1622 km
2008	Okt	09	dichtester Flyby an Enceladus, d = 24,5 km
2009	Aug	11	Frühlingsäquinoktium (Kantenstellung)
2009	Dez	26	dichtester Flyby an Anthe, d = 12.097 km
2010	Feb	13	dichtester Flyby an Mimas, d = 9547 km
2010	Feb	13	dichtester Flyby an Calypso, d = 21.304 km
2010	Mrz	03	dichtester Flyby an Helene, d = 1857 km
2010	Jun	21	dichtester Flyby an Titan, d = 878 km
2011	Jan	11	dichtester Flyby an Rhea, d = 70,4 km
2011	Sep	14	dichtester Flyby an Pallene, d = 25.937 km
2011	Dez	12	dichtester Flyby an Dione, d = 101 km
2012	Mai	20	dichtester Flyby an Methone, d = 1870 km
2015	Dez	06	dichtester Flyby an Epimetheus, d = 2625 km
2015	Dez	06	dichtester Flyby an Prometheus, d = 23.147 km
2015	Dez	19	dichtester Flyby an Aegaeon, d = 2530 km
2016	Jan	14	dichtester Flyby an Daphnis, d = 20.410 km
2016	Dez	18	dichtester Flyby an Pandora, d = 22.083 km
2017	Mrz	07	dichtester Flyby an Pan, d = 22.269 km
2017	Apr	12	dichtester Flyby an Janus, d = 9182 km
2017	Apr	12	dichtester Flyby an Atlas, d = 10.899 km
2017	Mai	24	Sommersonnenwende (max. Ringöffnung)
2017	Sep	15	Ende der *Cassini*-Mission

Bildnachweis

NASA: 6, 8, 12
NASA/Ames Research Center: 2
NASA/ESA/JPL/SSI: 40, 50, 51
NASA/JPL: 1, 17, 41, 42
NASA/JPL/Caltech: Cover, 3, 4, 11
NASA/JPL/GSFC/Ames: 48
NASA/JPL/GSFC/SwRI/SSI: 65, 83, 84
NASA/JPL/John Hopkins University: 15
NASA/JPL/Space Science Institute: 7, 16, 22, 23, 24, 25, 26, 27, 28, 29, 30, 38, 44, 46, 47, 49, 52, 53, 57, 58, 59, 60, 61, 62, 63, 67, 68, 69, 70, 71, 78, 79, 80, 81, 82, 85, 86, 87, 88, 89, 90, 91, 96, 97, 98, 99, 100
NASA/JPL/SSI/Diamond Sky Productions: 103
NASA/JPL/SSI/Gordan Ugarkovic/Emily Lakdawalla: 95
NASA/JPL/SSI/Jason Major: 32, 35
NASA/JPL/SSI/Universities Space Research Assoc./Lunar & Planetary Instit.: 64
NASA/JPL/Univ. of Arizona: 21, 31, 37, 39, 77, 92
NASA/JPL/Univ. of Colorado: 36, 43, 45
NASA/JPL/USGS: 72
NASA/JPL Caltech/Space Science Institute: 19, 20, 55, 56, 66, 94, 101, 102, 104
NASA/STScI/AURA/Hubble Heritage Team: 13
NASA/Calvin J. Hamilton: 54
NASA/Emil Khalisi: 5
NASA/Erich Karkoschka: 18
ESA: 9
ESA/NASA/JPL/University of Arizona: 73, 74, 75
ESA/NASA/JPL/Rene Pascal: 10
Lunar and Planetary Institute: 14
Ana Barbosa Aguiar: 34
John Stuart Reid: 33
Howard Zebker: 76

Danksagung

Der Autor dankt der NASA für die freie Verwendung des Bildmaterials. Er dankt ebenso der Klaus Tschira Stiftung für die finanzielle Unterstützung sowie allen Kollegen in der Arbeitsgruppe während seiner Zeit am Max-Planck-Institut für Kernphysik. Prof. Dr. Eberhard Grün übernahm freundlicherweise die Begutachtung der ersten Auflage dieses Bildbands. Dem *ibidem*-Verlag gebührt der überraschende Erfolg der vorherigen Auflage. Ferner schuldet der Autor den Eltern Dank, die seinen Berufsweg bis hierher ermöglicht haben.

Literatur

[1] **Barbosa Aguiar A.C., Read P.L., Wordsworth R.D.,** + *2 Co-Autoren* **(2010)**: „A laboratory model of Saturn's North Polar Hexagon", *Icarus 206*, 2 April 2010, p755–763

[2] **Cuzzi J.N., Burns J.A., Charnoz S.** + *20 Co-Autoren* **(2010)**: „An Evolving View of Saturn's Dynamic Rings", *Science 327*, 2 April 2010, p1470–1475

[3] **Dougherty M., Esposito L., Krimigis T. (2009)**: „Saturn from Cassini-Huygens", Springer Verlag, ISBN 978-1-4020-9216-9

[4] **Esposito, Larry (2006)**: „Planetary Rings", Cambridge University Press, ISBN 978-0-521-36222-9

[5] **Fuchs, Peter (2018)**: „Die Cassini-Mission — Ein Rückblick", *sternzeit 43*, ISSN 0721–8168, No. 1/2018, p5–9

[6] **Grün E., Morfill G.E., Terrile R.J.,** + *2 Co-Autoren* **(1983)**: „The evolution of spokes in Saturn's B ring", *Icarus 54*, May 1983, p227–252

[7] **Khalisi, Emil (2012)**: „Saturns verborgener Staubring", *sternzeit 37*, ISSN 0721–8168, No. 2/2012, p96–99

[8] **Leitenberger, Bernd (2005)**: „Raumsonden / Cassini", mehrere Online-Aufsätze; `http://www.bernd-leitenberger.de/raumsonden-cassini.shtml`

[9] **Photojournal (2013, 2017)**: „NASA's Image Access Home Page", `http://photojournal.jpl.nasa.gov/`

[10] **Porco P.P., Helfenstein P., Thomas P.C.** + *22 Co-Autoren* **(2006)**: „Cassini Observes the Active South Pole of Enceladus", *Science 311*, No. 5766, 2006, p1393–1401

[11] **Reid, John Stuart (2009)**: „Cymascope Research: Cymatics of Saturn", Online-Aufsatz, 6 September 2009; `http://www.cymascope.com/cyma_research/astrophysics.html`

[12] **Srama R., Kempf S., Moragas-Klostermeyer G.** + *38 Co-Autoren* **(2011)**: „The Cosmic Dust Analyser onboard Cassini: Ten years of discoveries"; `http://oro.open.ac.uk/30612/1/2011_Srama_et_al_CEAS_space_J.pdf`

[13] **Wikipedia (2014, 2017)**: diverse Stichworte abgerufen 2013, 2014 und 2017; `http://de.wikipedia.org/` und `http://en.wikipedia.org/`

[14] **Zebker H.A., Stiles B., Hensley S.,** + *3 Co-Autoren* **(2009)**: „Size and Shape of Saturn's Moon Titan", *Science 324*, no. 5929, 15 May 2009, p921–923

Index

ibidem-Verlag
Melchiorstr. 15
D-70439 Stuttgart

info@ibidem-verlag.de
www.ibidem.eu
www.edition-noema.de
www.autorenbetreuung.de